シリーズ
新しい工学 5

線形システム論

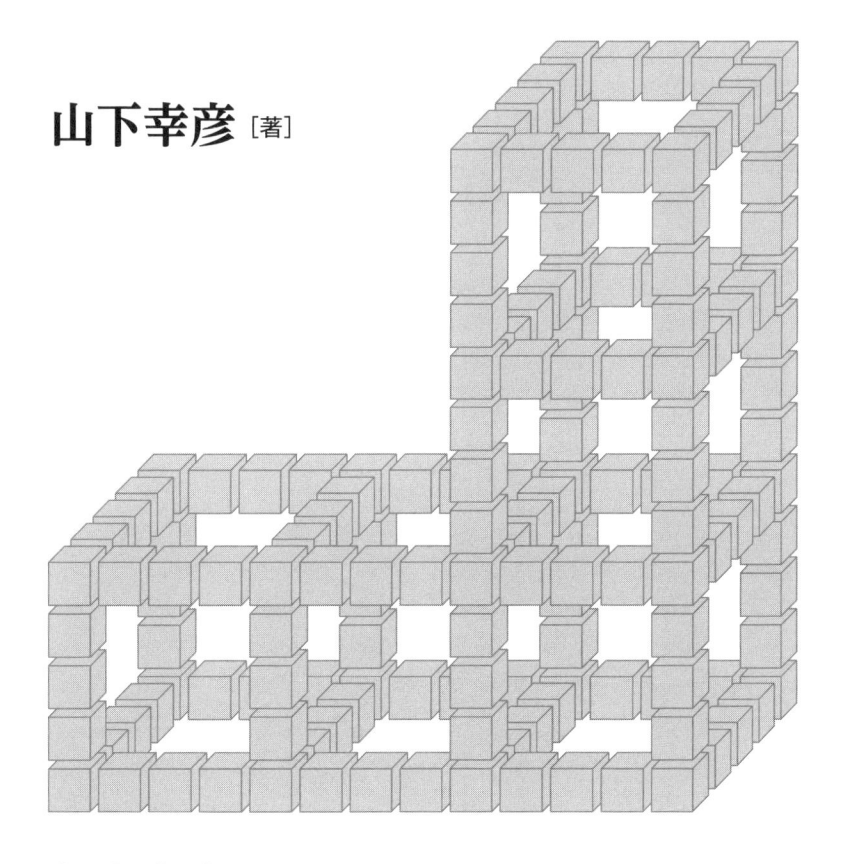

山下幸彦 [著]

朝倉書店

まえがき

本書の執筆方針は次の通りである．

- ●線形システム論に関して，なるべく基本的なことをわかりやすく書く．
- ●最初に重要なことをまとめる．
- ●サポート Web ページを設置する (http://yamashita-family.org/LS/)．

本書は，線形システム論を理解するために書かれた本である．線形システム論は，回路解析，制御回路，質点系の力学の解析のために使われている．この他にも，線形常微分方程式で解析するような問題の解析に対して有効である．フーリエ変換やラプラス変換などは，工業数学の授業でも勉強していると思うが，線形システム論は，そのような数学を物理現象に具体的に応用するためのモデルを提供する．

本書では力学系を線形システムで扱う例を示すが，本当の物理現象は非線形である．たとえばバネの力と伸びの関係を，(バネ定数)×(バネの伸び) という線形な関係として定式化するが，バネが伸び縮みできる長さには限界があるので，本当は非線形な関係である．非線形の問題を解析的に解くことは難しい．例外的な場合を除いて，計算機による数値解法に頼るほかはない．しかしながら，振動の解析などでは，バネの力が伸びに比例するという線形な関係で近似しても，有用な情報が得られる．回路の解析などでも同様であり，時間軸上ではわかりにくい現象も，周波数軸上で考えるとわかりやすかったり，特性を決める行列の固有値によって安定性を理解することができる．このように，物理現象を把握するためには線形な範囲で理解することが重要であり，そのための線形システム論は重要なツールとなる．逆に，非線形性が本質的な役割を果たす，たとえば，自己組織化やカオスのような問題に対する見通しが良い汎用的な解析方法はまだ存在しないと考えられる．非線形な問題も，局所的・近似的に線形化して考える場合がほとんどである．線形化すれば，線形システム論で学んだことが大いに役立つことになる．

本書はなるべくわかりやすく書いたつもりである．第 2 章のような内容は，秋葉原に通い (当時の秋葉原は電気製品と電気・電子部品の店が中心の街だった)，ラジオなどの電子回路を作製したり，アマチュア無線をしていた小中学生はほとんど全員が知っていたと思う．本書で省いたフーリエ変換の収束性などの細かいところ論じ始めると証明が長く面倒になるが，正弦波の和に分解するということだけならば，直感的に捉えられるのではないかと思う．

通常の理工書は，順番に論理立てて内容が書かれていることが多い．本書では，学ぶ

べき項目の要点をはじめに四角枠の中にまとめて記し，その後でその説明を加える．このような構成にした理由は，繰り返して読むことを想定したためである．一度しか読まないとすれば，順番に書かれていた方が理解するときに手間がかからないかもしれない．しかしながら，一度で理解できない場合は本書を複数回読むことになる．複数回読むことを想定すれば，最初に重要なことがまとまっていた方が，項目を再確認する時に便利であり，複数回読む気になるのではないかと思いこのような構成にしている．読者が線形システム論を理解し，科学技術の発展に貢献できれば幸いである．

　間違いのない本はまずないと思う．また，バグを仕様だと言いきれるほど，線形システム論の内容はいいかげんなものではないので，間違いを発見したらサポートWebページに掲載する．したがって，本書を入手したらまず上記のWebページを確認して，ミスを訂正してから読むと良い．また，演習問題の解答例もそのWebページに掲載する．

　最後に，本書を執筆するにあたり，ご助言頂いた朝倉書店編集部に深く感謝の意を表する．

2013年8月

山下　幸彦

目　　次

1　線形システム論　　1

1.1　線　　形　1
1.2　システム　3
1.3　時不変システム　4
1.4　線形システムの応用範囲　5
1.5　線形システムで必要な数学　7

2　指数関数・三角関数と正弦波　　8

2.1　指数関数の復習　8
2.2　三角関数の復習　9
2.3　正　弦　波　12
2.4　電気回路 (線形回路)　16
2.5　ボード線図　22

3　フーリエ変換　　29

3.1　フーリエ級数展開　29
3.2　フーリエ級数の複素数表示　31
3.3　フーリエ級数展開の例　33
3.4　フーリエ級数展開の不連続点での性質　34
3.5　フーリエ変換　36
3.6　フーリエ変換の性質　38
　　3.6.1　畳み込み積分とフーリエ変換　38
　　3.6.2　単位インパルス応答　38
　　3.6.3　フーリエ級数展開と畳み込み積分・和　42

4 ラプラス変換　45

- 4.1 ラプラス変換　45
- 4.2 ラプラス変換の性質　47
- 4.3 ラプラス変換の具体例　51
- 4.4 留数定理　53
- 4.5 ラプラス逆変換の計算法　60
  - 4.5.1 部分分数展開による逆ラプラス変換　60
  - 4.5.2 留数定理による逆ラプラス変換　64

5 連続時間線形システム　69

- 5.1 連続時間線形システムの基本　69
- 5.2 連続時間線形システムの例　71
  - 5.2.1 線形常微分方程式　71
  - 5.2.2 電気回路 (線形回路)　72
  - 5.2.3 質点の力学系　73
- 5.3 ブロック線図　75
- 5.4 線形システムの解法　77
  - 5.4.1 行列の指数関数を使う方法　77
  - 5.4.2 ラプラス変換を使う方法　79
  - 5.4.3 計算例　79
- 5.5 伝達関数　82
  - 5.5.1 伝達関数の表示形式　82
  - 5.5.2 1入力1出力 N 次線形システムの伝達関数　84
  - 5.5.3 M 入力 K 出力 N 次線形システムの伝達関数　84
- 5.6 自動制御　85
  - 5.6.1 フィードバック制御　85
  - 5.6.2 PID制御　88
  - 5.6.3 振幅余裕と位相余裕　90
- 5.7 可制御性と可観測性　91
  - 5.7.1 可制御性と可観測性の定義と判定条件　91
  - 5.7.2 可制御性の判定例　92
  - 5.7.3 可観測性の判定例　94
  - 5.7.4 ケーリー–ハミルトンの定理　94
  - 5.7.5 可制御の判定条件の証明　96
  - 5.7.6 可観測性の判定条件の証明の概要　98
- 5.8 最小実現　98
- 5.9 安定性　100
  - 5.9.1 ラウス–フルヴィッツの方法　102

5.10　現代制御理論　104
　　　5.10.1　オブザーバ　104
　　　5.10.2　状態フィードバック　106

6　離散時間信号の変換　109

6.1　連続時間信号と離散時間信号　109
6.2　標本化定理　110
　　　6.2.1　折り返し歪み　112
6.3　離散フーリエ変換　114
　　　6.3.1　離散時間フーリエ変換　114
　　　6.3.2　畳み込み和と単位パルス応答　115
　　　6.3.3　離散フーリエ変換　116
6.4　z 変換　117
　　　6.4.1　z 変換とラプラス変換　118
　　　6.4.2　z 変換の計算法　120
6.5　逆 z 変換　122
　　　6.5.1　部分分数展開による方法　122
　　　6.5.2　留数計算による方法　123
　　　6.5.3　式 (6.32) の証明　124

7　離散時間線形システム　126

7.1　離散線形システムの基本　126
7.2　離散時間線形システムの例　127
　　　7.2.1　連続時間線形システムの近似　127
　　　7.2.2　ディジタル制御　128
　　　7.2.3　ディジタルフィルタ　128
7.3　離散時間線形システムの解法　129
　　　7.3.1　固有ベクトルによる対角化を使う方法　129
　　　7.3.2　z 変換を使う方法　131
　　　7.3.3　計算例　131
7.4　伝達関数　134
7.5　可制御性と可観測性　134
7.6　安定性　136

文　献　140
索　引　141

1 線形システム論

本章では線形システム論の概要を述べる．そのために，「線形」と「システム」に関して説明し，線形システムを定義する．一般に線形システム論は，時不変線形システムを扱うため，「時不変」に関して説明する．さらに，線形システムの応用範囲と，線形システム論を理解する上で必要となる数学について解説する．

1.1 線　　形

線形関係のもっとも簡単な例

- もっとも簡単な線形関係は比例関係であり，次式で与えられる．
$$y = ax \tag{1.1}$$
ここで，x, y, a は，それぞれ，入力，出力，比例定数である．
- 比例関係では次の性質が成立する．
    - 2つの x, u に対する出力を，それぞれ，y, v とするとき，$x+u$ を入力に加えたときの出力は $y+v$ になる．
    - 入力 x に対する出力を y, α を数とするとき，αx を入力に加えたときの出力は αy になる．
- 逆に，上の2つの性質を満たす場合，両者の関係を線形な関係と呼ぶ．
- 比例関係をグラフで書けば，次のようになる．

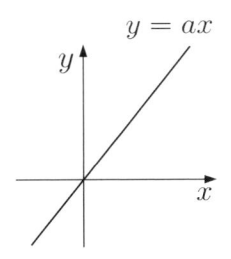

線形 (linear) な関係とは何かを簡単に言えば，2つの値の和を入力した場合，出力はそれぞれの値に対する出力の和になり，かつ，入力が2倍になれば出力も2倍，入力が3倍になれば出力も3倍になるような関係である．入力 x に対して出力が $y = ax + b$ で与えられる場合，グラフは直線であるが，$b \neq 0$ のときは線形でない．実際，$b \neq 0$ ならば x を2倍しても y は2倍にならない．

「線形」の関係は簡単すぎて，これだけではあまり役に立たなそうに見えるが，そうではない．たとえば，ベクトルに対する行列の積，関数に対する微分なども線形な関係であり，幅広い応用分野がある．

行列もベクトルの線形関係を与える

- ベクトルに行列をかけてベクトルを得れば，2つのベクトルの関係は線形である．
- $\boldsymbol{x}$, $\boldsymbol{u}$ をベクトル，$\boldsymbol{A}$ を行列とし，ベクトル $\boldsymbol{y}$, $\boldsymbol{v}$ を，

$$\boldsymbol{y} = \boldsymbol{A}\boldsymbol{x} \tag{1.2}$$

$$\boldsymbol{v} = \boldsymbol{A}\boldsymbol{u} \tag{1.3}$$

で与える．α を任意の数とすれば，次式が成立し，線形であることがわかる．

$$\boldsymbol{A}(\boldsymbol{x} + \boldsymbol{u}) = \boldsymbol{A}\boldsymbol{x} + \boldsymbol{A}\boldsymbol{u} = \boldsymbol{y} + \boldsymbol{v} \tag{1.4}$$

$$\boldsymbol{A}(\alpha\boldsymbol{x}) = \alpha(\boldsymbol{A}\boldsymbol{x}) = \alpha\boldsymbol{y} \tag{1.5}$$

本書では，ボールド体 (太い文字) で，ベクトルや行列を表すことにする．たとえば，x は数を，$\boldsymbol{x}$ はベクトルを表す．

式 (1.4) は入力の和は出力でも和になる，式 (1.5) は定数倍すると出力も定数倍になるという線形関係の2つの性質をそれぞれ示している．

ベクトルを扱う線形空間は，現代の科学技術において非常に重要な役割を果たしている．逆説的に言えば，線形以外の，すなわち非線形な関係は，孤立的に存在する特別な場合を除いて，上手に扱う手段がない．したがって，非線形なものは，狭い範囲では線形なものであるとして近似して扱うことが多い．各点での線形的な関係をつなげて，計算を進めていく．このように線形化する手法は，構造物の強さの評価，流体の流れ，電気回路の解析，制御系の設計，経済の予測，各種資源配分の最適化などの分野で使われ，複雑化した現代技術における最強の道具になっているといっても過言ではない．そのため，スーパーコンピュータでは，Linpack (Lapack) という線形計算プログラムの計算速度を競っているのである．

関数の微分も線形関係を与える

- 時間関数を時間で微分して関数を得れば，その2つの関数の関係は線形である．$x(t)$,

$u(t)$ を時間関数とし，時間関数 $y(t)$ と $v(t)$ を，時間微分によって，

$$y(t) = \frac{d}{dt}x(t) \tag{1.6}$$

$$v(t) = \frac{d}{dt}u(t) \tag{1.7}$$

で与える．α を任意の数とすれば，次式が成立し，線形であることがわかる．

$$\frac{d}{dt}(x+u)(t) = \frac{d}{dt}x(t) + \frac{d}{dt}u(t) = y(t) + v(t) = (y+v)(t) \tag{1.8}$$

$$\frac{d}{dt}(\alpha x)(t) = \alpha \left(\frac{d}{dt}x\right)(t) = \alpha y(t) \tag{1.9}$$

● 上式で，$(\alpha x)(t)$ と $\alpha x(t)$ の違いがわかるだろうか？

αx は，1つの関数を表している．$(\alpha x)(t)$ は，その関数の t における値を表している．$\alpha x(t)$ は，x という関数の t における値に α 倍したものである．そして，関数 αx は，t における値が

$$(\alpha x)(t) \equiv \alpha x(t) \tag{1.10}$$

となるものとして定義されている．言葉で書けば，「関数 αx は，その t における値が $x(t)$ の α 倍になるものとして定義されている」という意味である．同様に，関数 $x+u$ は，その t における値が $x(t)+u(t)$ になるものとして定義されている．

1.2 システム

システムとは何か

- 「システム」は，何となくわかったようなわからないような単語であるが，次のように特徴付けることができる．
    - システムは，目的を持って動作する．
    - システムは，多様な部分から構成される．
- システムを捉えるときには，構成要素を粗視化して全体を総合的に捉える．

システム (system) という単語は普段の生活でも良く耳にすると思う．「IBM システム 360」，「銀行のオンラインシステム」，「システムエラー」のようなコンピュータ関係の用語から，「政治システム」，「金融システム」，「エコシステム」のような社会的な用語，もっと一般的に，「システマチックに取り組む必要がある」などと言うこともある．近年，「ベクトル」に関しても，「ベクトルが違う」などと文系的に用いられることがあるが，システムについても意味が広がり分かりにくくなっている面がある．

従来，科学や工学では，分析的にものごとを扱うことが多かった．その理由は，目に見える

現象が複雑でも，個々の要素に分解して調べれば，それらは単純であることが多く，そこで定式化して，定式化したものを連立して解くことによって，複雑な現象を捉えることができると考えるからである．そして，分析して得られたものが，ものごとの本質であると考えられるからである．しかしながら，扱う対象が複雑になると，その方法で実際的に問題を解くことが不可能になる．たとえば，橋を作るためには材料について知る必要がある．材料を知るためには，原子について知る必要がある．原子について知るためには，素粒子について知る必要がある．素粒子については，まだ，根本的な理論ができあがっていないので，橋を作ることができなくなってしまう．また，根本的な理論ができたとしても，それから橋の強度を計算することは難しい．

その場合，粗視化を行う．分子一つ一つの運動のすべてを厳密に知ることはできないが，その中で知りたいことや重要なことを十分な精度で知ることができるように，ものごとをおおざっぱに見る・捉えるということである．分析的の反対の言葉は総合的であるが，単に総合的に捉えるというよりは，全体を分析的に捉えることができる程度に各要素のモデルを単純化し，総合的振る舞いを解析していると考える方が良い．

この本をシステムとして考えると

- 目的： 線形システムを読者が理解すること
- 構成要素： サブシステム
  - 線形システム論のための数学
  - 線形システム論の応用例
  - 連続時間線形システムの状態・出力の計算方法
  - 離散時間線形システムの状態・出力の計算方法
  - 可観測性，可制御性，安定性の解析

本書の目的は，線形システムを理解し応用できるようにすることである．そのために，上記のような内容を記述している．ただし，サブシステムと章立てが必ずしも揃っていない．それはできるだけ早く応用例を示したかためである．原理的に言えば，基礎的なことを理解して，その次に応用的なことを理解すれば良いのであるが，実は応用的なことをある程度把握しないと，基礎的なことの理解が深まらないことも多いため，そのようにしている．

1.3 時不変システム

時不変システム

- 時不変システム： システムの状態は状態変数の値で与えられるが，その変化を決

> める微分方程式の係数の値が時間によって変わらないシステム

たとえば，電気回路を考える．状態変数は，素子電流や素子電圧になる．このとき，時間とともに電気回路の抵抗や静電容量が変化すると，状態変数の微分方程式の係数が変化する．このようなシステムを時変システム (time-variant system) と呼ぶ．時変システムの解析は複雑になるため，本書では回路の抵抗や静電容量が変化しない，時不変線形システム (time-invariant linear system) だけを扱う．時不変回路でも，状態変数である電圧や電流の値は時間とともに変化する．その変化は微分方程式で与えられるが，それを解析する方法を学ぶ．

1.4　線形システムの応用範囲

線形システムとは

線形システム (linear system) とは，入力に対して基本的には出力が線形の関係を持つシステムのことである．
- 線形関係：　比例関係を拡張したもの．時間微分や時間積分なども線形関係に含まれる．
- システム：　複数の要素から構成され，各要素が相互に影響を及ぼしあいながら，全体としてある目的を達成するために動作しているもの．

線形システムを，線形＋システムと考えると上のように解釈できる．たとえば電気回路の「要素」は，抵抗・コイル・コンデンサなどの素子である．それを導線で接続することによって，システムを構成している．

線形システム

- 状態変数
- 状態変数値の時間微分が現在の状態変数値と入力値の線形変換で与えられるという，線形微分方程式によって状態値が定まる．
- 出力値も現在の状態変数値と入力の線形変換で与えられる．

線形システムを考えるために，システムの状態を表す状態変数を導入する．電気回路では素子の電流や電圧を表し，制御回路では操作量などの内部信号，物理系では質点の位置や質点の速度などを表す．

線形システムのモデルでは，それらの値の時間の 1 階微分が，現在の状態変数値と入力値の線形変換によって定まるとする．加速度は位置の 2 階微分であるから，力学系はこのモデルで

は表せないように見えるがそうではない．位置と速度を表す2つの状態変数を導入すれば，速度は位置の微分，加速度は速度の微分であるので，このシステムのモデルで表すことができるのである．

そして，出力は現在の状態変数値と入力値の線形変換によって定まる．出力を表す式には微分はなく，現在の両者の値の線形変換で求まるとする．このようなモデルで，様々な物理現象を表すことができる．

線形システムの応用範囲

線形システム論の応用例を次に示す．
- 電気回路 (線形回路)
- 力学系 (質点)
- 制御システム

上に，代表的な線形システム論の応用例をあげた．それぞれについては，5.2.2項，5.2.3項，5.6節でより詳しく説明するが，本節でも見通しを良くするために簡単に述べておく．

抵抗，コイル，コンデンサ，線形増幅回路などからなる電気回路では，回路の電流や電圧を線形システムとして記述することができる．コイルは流れる電流の時間微分の定数倍が両端の電圧になり，コンデンサは両端の電圧の時間微分の定数倍が流れる電流になる．そして，キルヒホッフの電流則・電圧則を適用することによって，線形システムとしての方程式が得られる．その方程式を解くことによって，電気回路の特性がわかり，目的とする回路を設計するための指針が得られたり，パラメータを最適化することができる．

質点，バネ，ダンパなどからなる力学系を線形システムとして記述することができる．バネは変位を定数倍した力を生みだし，ダンパは速度に比例した力を生み出す．記述された線形システムから，たとえば自動車のサスペンションが凹凸によって変位したときの各部に加わる力や，車に伝わる衝撃の大きさを計算することができる．また，その力学系の共振周波数や共振時に，どのくらい振動が大きくなるか知ることができる．

制御システムでは，たとえばモータなどの制御対象を線形システムとしてモデル化するほか，制御系を線形システムとして記述することによって，回転数などを目標値に近づけるときの正確さばかりではなく，制御系全体が不安定にならないようなパラメータを決めるための指針を得ることができる．

1.5 線形システムで必要な数学

線形システムを理解する上で必要となる数学
- 線形代数
- フーリエ級数展開・フーリエ変換 (第3章)
- ラプラス変換 (第4章)
- 離散フーリエ変換 (第6章)
- z 変換 (第6章)

　残念ながら，人間以外の自然は人間の言葉で話しかけてはくれない．ガリレオの有名な言葉「自然という書物は数学の言葉で書かれている」の通り，数学を使ってその様子を知るしかない．自然を知り利用しようとするものにとって，数学は言葉であり，重要な道具である．線形システムを理解するためには，上記の数学的な知識を欠かすことができない．

　自然を知るために数学を使う場合に，基本的にはモデル化を行い，数式に落として行く．線形システムは自然原理を記述するための解析が容易なモデルの1つである．LCR回路の電流や電圧や，バネやダンパなどから構成される力学系は，線形システムとして記述して解析することができる．もちろん厳密に言えば，素子や電線，バネやダンパにも非線形性があるため，線形システムで扱うことはできない．しかしながら，値が小さい場合は近似的に線形として扱うことができるため，線形システムによって解析することができる．このような場合，線形システムとして扱うことができる範囲について注意を払うことが重要である．それを越えている場合は，得られた解にあまり意味がなくなってしまうからである．

　線形システムの内容を深く理解するためには，上記の数学の知識が必要不可欠である．線形システムの微分方程式を解いたり，その性質を論じるためには，線形代数に関しては，線形空間の性質のほか，逆行列，行列式，行列固有値などの知識が必要である．時間軸上の関数をフーリエ級数展開，フーリエ級数，ラプラス変換によって，周波数軸上の関数にすることによって，線形システムの入出力関係を簡単に表現したり，その特性を把握することができる．今回はページ数の都合で線形代数に関して本書内に記述できなかったが，本書を理解する上で必要な事項だけをまとめたノートをサポートWebページに掲載する予定である．また，計算機の中で信号を扱うとき，連続的な時間上に定義した信号を扱うことは困難である．そのため，離散時間(たとえば整数)上の信号を扱う．離散フーリエ変換や z 変換を使えば，このような離散時間上の信号の線形システムの入出力関係の表現が簡単になる．

　これらの数学は，他の分野でも幅広く使うことができるが，本書では必要な部分しか記述することができない．それらの内容を詳しく知りたい場合は，それぞれの専門の本を読むことを推奨する．次章から線形システム論の具体的内容を説明する．

2 指数関数・三角関数と正弦波

まず，高校の数学の範囲ではあるが，指数関数および三角関数の性質を復習する．つぎに，正弦波による周波数または角周波数を変数とする線形回路の解析に関して説明し，周波数による信号の扱いについて習熟する．

2.1 指数関数の復習

指数関数の性質

- 微分：
$$\frac{d}{dx}e^{ax} = ae^{ax} \tag{2.1}$$

- 積分： 積分定数 C に対して，次式が成立する．
$$\int e^{ax}dx = \frac{1}{a}e^{ax} + C \tag{2.2}$$

指数関数のもっとも重要な性質は，指数関数を微分しても，定数倍 (式 (2.1) では，a 倍) されるが，基本的には指数関数のままであることである．

なお，自然対数 e は次の式で定義されている．
$$e = \lim_{n \to \infty} \left(1 + \frac{1}{n}\right)^n \tag{2.3}$$

この式から，$m = nx$ とおいて，
$$e^x = \lim_{n \to \infty} \left(1 + \frac{1}{n}\right)^{nx} = \lim_{m \to \infty} \left(1 + \frac{x}{m}\right)^m \tag{2.4}$$

が成立する．最後の式を微分すると，
$$\lim_{m \to \infty} \left(1 + \frac{x}{m}\right)^{m-1} = \lim_{m \to \infty} \left(1 + \frac{x}{m}\right)^m \Big/ \left(1 + \frac{x}{m}\right) = e^x/1 = e^x \tag{2.5}$$

となるので，指数関数を微分しても指数関数となることがわかると思う．

2.2 三角関数の復習

ここでは，正弦関数 $\sin\alpha$ と余弦関数 $\cos\alpha$ の性質について説明する．わかりやすくするために，両者をそれぞれ sin 関数 (サイン関数)，cos 関数 (コサイン関数) と呼ぶことにする．

三角関数の性質 I

1) 周期 2π の周期関数
$$\sin(\alpha+2\pi)=\sin\alpha,\quad \cos(\alpha+2\pi)=\cos\alpha \tag{2.6}$$

2) 関数値の範囲： $-1\leq\sin\alpha\leq 1,\ -1\leq\cos\alpha\leq 1$

3) sin 関数は奇関数，cos 関数は偶関数
$$\sin(-\alpha)=-\sin\alpha,\quad \cos(-\alpha)=\cos\alpha \tag{2.7}$$

関数 $x(t)$ が周期 T の周期関数であるとは，任意の t に対して，
$$x(t+T)=x(t) \tag{2.8}$$
が成立することである (図 2.1)．三角関数が周期 2π の周期関数であることは，三角関数のグラフ (図 2.2) を思い出せば明らかである．周期関数の公式を繰り返せば，$x(t)=x(t+T)=x(t+2T)=\cdots$ となる．したがって，任意の正整数 n に対して，
$$x(t)=x(t+nT) \tag{2.9}$$
となるので，周期 T の周期関数は，周期 nT の周期関数でもある．t に $t-T$ を代入すれば，
$$x(t-T)=x(t) \tag{2.10}$$
となる．したがって，任意の整数 n に対して (n が負の場合も含む)，式 (2.9) が成立する．

三角関数の場合は，任意の整数 n に対して，次式が成立する．
$$\sin(\alpha+2\pi n)=\sin\alpha,\qquad \cos(\alpha+2\pi n)=\cos\alpha \tag{2.11}$$

2) の三角関数の関数値の範囲が -1 から $+1$ であることは，関数の収束性を議論するときに重要な役割を果たす．たとえば，その性質はフーリエ級数の収束などを厳密に議論する場合に

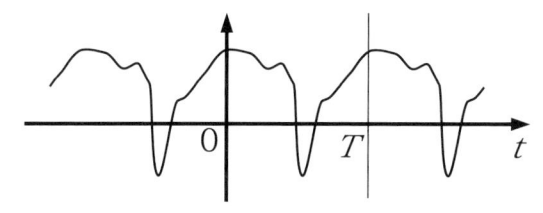

図 **2.1**　周期 T の周期関数

使われる

3) の偶関数・奇関数の性質は，その対称性から積分値が 0 になる場合があり，級数を計算するときに，項を省略するために必要である．

三角関数の性質 II

1) $\pi/2$ の奇数倍 ($\pm\pi/2, \pm 3\pi/2, \pm 5\pi/2, \ldots$) を加えると，sin 関数が cos 関数または cos 関数を -1 倍したものになる．また，cos 関数が sin 関数または sin 関数を -1 倍したものになる．
2) π の倍数 ($\pi/2$ の偶数倍) を加えると，sin 関数がそのままか -1 倍した sin 関数になり，cos 関数がそのままか -1 倍した cos 関数になる．すなわち，それぞれの符号 (プラスかマイナス) が変わることがあるだけである．

両方の場合において，正負の符号がすぐにわからなかったら，具体的値 ($\pi/4$ あたり) と 2 次元座標系におけるその角度の位置を考えてみればわかる．$\sin\theta$ は，θ が第 1，第 2 象限のときプラスで，第 3，第 4 象限のときマイナスである．$\cos\theta$ は，第 1，第 4 象限のときプラスで，第 2，第 3 象限のときマイナスである．

たとえば，$\sin(\alpha+3\pi/2)$ を考える．$\pi/2$ の奇数倍を加えているので cos 関数になる．$\alpha=\pi/4$ などとして，$\cos(\pi/4)$ はプラスで，$\sin(\pi/4+3\pi/2)$ は，第 4 象限にあるのでマイナスである．両者の符号が異なるので $\sin(\alpha+3\pi/2)=-\cos\alpha$ となる (これは大学受験テクニック)．

三角関数の性質 III

1) オイラーの公式 (Euler's formula)
$$e^{i\alpha}=\cos\alpha+i\sin\alpha \tag{2.12}$$

オイラーの公式は複素数の指数関数と実数の三角関数を結ぶ重要な式である．

三角関数の性質 IV

1) 加法定理
$$\sin(\alpha+\beta)=\cos\alpha\sin\beta+\cos\beta\sin\alpha \tag{2.13}$$
$$\cos(\alpha+\beta)=\cos\alpha\cos\beta-\sin\alpha\sin\beta \tag{2.14}$$

2) 積和公式
$$\sin\alpha\sin\beta=-\frac{1}{2}\{\cos(\alpha+\beta)-\cos(\alpha-\beta)\} \tag{2.15}$$

$$\cos\alpha\cos\beta = \frac{1}{2}\{\cos(\alpha+\beta)+\cos(\alpha-\beta)\} \tag{2.16}$$

$$\sin\alpha\cos\beta = \frac{1}{2}\{\sin(\alpha+\beta)+\sin(\alpha-\beta)\} \tag{2.17}$$

3) 和積公式

$$\sin\alpha + \sin\beta = 2\sin\frac{\alpha+\beta}{2}\cos\frac{\alpha-\beta}{2} \tag{2.18}$$

$$\sin\alpha - \sin\beta = 2\cos\frac{\alpha+\beta}{2}\sin\frac{\alpha-\beta}{2} \tag{2.19}$$

$$\cos\alpha + \cos\beta = 2\cos\frac{\alpha+\beta}{2}\cos\frac{\alpha-\beta}{2} \tag{2.20}$$

$$\cos\alpha - \cos\beta = -2\sin\frac{\alpha+\beta}{2}\sin\frac{\alpha-\beta}{2} \tag{2.21}$$

加法定理はオイラーの公式を知っていれば簡単に出てくる.

$$\cos(\alpha+\beta) + i\sin(\alpha+\beta)$$
$$= e^{i(\alpha+\beta)} = e^{i\alpha}e^{i\beta}$$
$$= (\cos\alpha + i\sin\alpha)(\cos\beta + i\sin\beta)$$
$$= (\cos\alpha\cos\beta - \sin\alpha\sin\beta) + i(\sin\alpha\cos\beta + \sin\beta\cos\alpha)$$

上式で実部と虚部をそれぞれ比べれば, cos 関数と sin 関数に対する加法定理が出てくる.

積和公式は加法定理から導出できる. たとえば, 式 (2.17) は, 式 (2.13) と式 (2.13) の β を $-\beta$ と置き換えた,

$$\sin(\alpha-\beta) = \sin\alpha\cos\beta - \sin\beta\cos\alpha \tag{2.22}$$

を加えれば導出できる. 他の式は, $\sin(\alpha\pm\pi/2) = \pm\cos\alpha$, $\cos(\alpha\pm\pi/2) = \mp\sin\alpha$ など関係を使って得られる. たとえば, 式 (2.17) で β を $\beta-\pi/2$ に置き換えれば, 式 (2.15) が導出できる (とりあえず, 式 (2.17) を覚えておけばよい).

和積公式は, 積和公式から導出できる. 基本的には, $A = \alpha+\beta$, $B = \alpha-\beta$ と置くだけである. このとき, $\alpha = (A+B)/2$, $\beta = (A-B)/2$ となる. たとえば, 式 (2.18) は, 式 (2.17) で,

$$\sin\frac{A+B}{2}\cos\frac{A-B}{2} = \frac{1}{2}(\sin A + \sin B) \tag{2.23}$$

となり, 両辺に 2 をかけて, A, B を α, β と置きなおせば導出される. また, 式 (2.18) だけを覚えておけば, α と β に $\alpha+\pi/2$ と $\beta+\pi/2$ を代入すことによって, $\sin(\alpha+\pi/2) = \cos\alpha$ によって, cos の式を導出できる.

三角関数の微積分

● 微分に関して, 次式が成立する.

$$\frac{d}{dt}\sin at = a\cos at \tag{2.24}$$

$$\frac{d}{dt}\cos at = -a\sin at \tag{2.25}$$

● 不定積分に関して，積分定数 C に対して，次式が成立する．

$$\int \sin at\, dt = -\frac{1}{a}\cos at + C \tag{2.26}$$

$$\int \cos at\, dt = \frac{1}{a}\sin at + C \tag{2.27}$$

指数関数 e^{iat} の微分

$$\frac{d}{dt}e^{iat} = iae^{iat} \tag{2.28}$$

に，オイラーの公式 $e^{iat} = \cos at + i\sin at$ を代入すれば，三角関数の微分積分の式を示すことができる．また，微分を線形変換と考えたとき，e^{iat} は固有値 $i\alpha$ の固有ベクトルとなっていることがわかる．

2.3 正弦波

正弦波

● t を時間と考え，時間の単位として秒 (s) を使う．
● 正弦波とは，時間 t に関する次のような関数として定義する (図 2.2)．

$$x(t) = A\cos(2\pi ft + \theta) \tag{2.29}$$

– f： 周波数 ($f \geq 0$)
– A： 振幅
– θ： 位相

● $w = 2\pi f$ を角周波数 ($\omega \geq 0$) と呼ぶ．ω を使うと正弦波は次式で表される．

$$x(t) = A\cos(\omega t + \theta) \tag{2.30}$$

● 正弦波は，$1/f = 2\pi/\omega$ の周期関数である．

式 (2.29) の正弦波は周期 $1/f$ (s) の周期関数であり，1 秒間の間に同じ波形が f 回現れる．また，$\pm A$ の範囲で振動する波形になる．たとえば cos 関数の 1 周期は，関数値が $+1$ から -1 へ行き，また $+1$ へもどるまでである．波形としては $\cos\alpha$ $(0 \leq \alpha \leq 2\pi)$ と同じ形である．周波数 f は，この 1 周期分の波形が 1 秒間に入る個数を表す．角周波数を使えば，式 (2.29) の 2π を省略して，式 (2.30) のように書くことができる．これは，角度の 1 回転 (2π) と cos 関数の 1 周期が一致するからである．

θ は，波形を t 軸方向負向きにどれだけ平行移動するかを，1 周期を 2π として，角度 (rad) で表す．角度の単位ラジアン (rad) は，$360°$ を 2π (rad) で表している．$180°$ は π (rad)，$90°$ は $\pi/2$ (rad)，$60°$ は $\pi/3$ (rad)，$45°$ は $\pi/4$ (rad)，$30°$ は $\pi/6$ (rad) である．

図 2.2 に示すように，θ は波形を左にずらす場合が正となる (負の場合は右にずれる)．また，波形が左にずれている場合を位相が「進んでいる」，右にずれている場合を位相が「遅れている」と言う．t は時間軸であるため，左にずれたほうが早く現象が現れることになるからである．たとえば，$\theta = \pi/2$ の場合は位相が $\pi/2$ または $90°$ 進んでいると言い，$\theta = -\pi/6$ の場合は位相が $\pi/6$ または $30°$ 遅れていると言う．$\theta = \pi$ と $\theta = -\pi$ の場合，正弦波は同じ波形になるので，波形だけからはどちらであるが決めることができない．

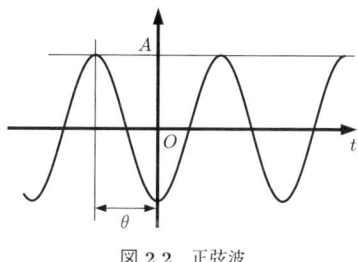

図 2.2 正弦波

本書では，cos 関数を使って正弦波を表しているが，sin を使うこともできる．sin 関数は cos 関数の位相が，$\pi/2$ 遅れたものであるので，

$$\cos(\omega t + \theta) = \sin(\omega t + \theta + \pi/2) \tag{2.31}$$

という関係を使えば変換可能である．

線形システムにおける正弦波の重要性

- ある周波数の正弦波は，それを微分しても，積分しても (積分定数を除く)，同じ周波数の正弦波になる．

$$\frac{d}{dt}\cos(\omega t + \theta) = \omega \cos(\omega t + \theta + \pi/2) \tag{2.32}$$

$$\int \cos(\omega t + \theta)\,dt = \frac{1}{\omega}\cos(\omega t + \theta - \pi/2) + C \tag{2.33}$$

- 任意の時間信号は様々な周波数の正弦波の 1 次結合で表すことができる (第 3 章で説明)．
- 線形システムの出力は，各々の周波数の大きさ 1 の正弦波に対する出力を，入力に含まれるその周波数の成分の大きさを重みとしてかけて加算したものになる．

以上の性質から，線形システムにおいては，正弦波に対する入出力関係がわかれば，任意の入力に対する出力がわかる．様々な角周波数 $\omega_1, \omega_1, \ldots, \omega_N$ の正弦波 $\cos \omega_n t$ $(n = 1, 2, \ldots, N)$ に対する線形システムの出力を

$$\alpha_n \cos(\omega_n t + \beta_n) \tag{2.34}$$

とする．たとえば，線形システムへの入力を，

$$f_{\text{in}}(t) = \sum_{n=1}^{N} a_n \cos(\omega_n t + \theta_n) \tag{2.35}$$

とすれば，その出力は

$$f_{\text{out}}(t) = \sum_{n=1}^{N} a_n \alpha_n \cos(\omega_n t + \theta_n + \beta_n) \tag{2.36}$$

で与えられる．線形システムがこのような性質を持つことが，線形システムを解析するために正弦波の応答を調べることが重要である理由である．上では cos 関数を使ったが，もちろん sin 関数を使ってもまったく同じであり，

$$g_{\text{in}}(t) = \sum_{n=1}^{N} a_n \sin(\omega_n t + \theta_n) \tag{2.37}$$

に対する出力は，次のよう書くことができる．

$$g_{\text{out}}(t) = \sum_{n=1}^{N} a_n \alpha_n \sin(\omega_n t + \theta_n + \beta_n) \tag{2.38}$$

複素数の位相

● 複素数 z の位相 θ は，

$$z = |z|e^{i\theta} = |z|(\cos\theta + i\sin\theta) \tag{2.39}$$

によって定義される．位相 θ は一意には決まらず，θ が式 (2.39) を満たせば，$\theta \pm 2\pi n$ ($n = \pm 1, \pm 2, \ldots$) も式 (2.39) を満たす．

● arg 関数を z から z の位相 θ を与えるものとして定義する．

$$\arg(z) = \theta \tag{2.40}$$

arg の値を一意に決めるために，値の範囲を $-\pi < \arg(z) \leq \pi$ に制限することも多い．

● $\text{Re}(z)$ と $\text{Im}(z)$ で，それぞれ，複素数 z の実部と虚部を表す．

● 式 (2.39) より，$|z|\cos\theta = \text{Re}(z)$，$|z|\sin\theta = \text{Im}(z)$ が成立するため，$-\frac{\pi}{2} < \theta < \frac{\pi}{2}$ の場合は，次のように書くことができる．

$$\theta = \tan^{-1}\frac{\text{Im}(z)}{\text{Re}(z)} \tag{2.41}$$

● 複素数の対数関数は，次式で与えることができる．

$$\log z = \log|z| + i\arg(z) \tag{2.42}$$

任意の複素数 z に対して，次式が成立する．
$$z = |z|e^{i\arg(z)} \tag{2.43}$$

複素正弦波

● 角周波数 ω $(-\infty < \omega < \infty)$ と複素数 C に対して，複素正弦波を次式で定義する．
$$Ce^{i\omega t} \tag{2.44}$$

● 複素正弦波の場合は，ω が負の場合も考えることがある．絶対値が同じで符号が異なる周波数を加算することによって，実信号を表すことができる．

● $|C|$ を振幅，$\arg(C)$ を位相と呼ぶ．複素正弦波では，
$$Ce^{i\omega t} = |C|e^{i(\omega t + \arg(C))} \tag{2.45}$$

が成立するため，位相情報が係数 C に含まれ，振幅と位相を 1 つの変数で扱うことができる．

実数の正弦波 $\cos\omega t$ を拡張して，複素正弦波で $e^{i\omega t}$ を使って表す．実数の正弦波に対して，実数倍，微分，積分した結果は，複素正弦波に対して，実数倍，微分，積分した結果の実部と等しい．したがって，これらが組み合わされた線形システムでも，複素正弦波で計算しその実部をとれば，実数の正弦波に対して得られる結果と同じ結果が得られる．しかも，実数の正弦波では振幅と位相が別の変数で表現されているが，複素正弦波では 1 つの変数で扱うことができるため，それらの計算が容易になる．これが，複素正弦波を使う大きな理由である．

フェーザ表現

● フェーザ (phasor) 表現とは，複素正弦波において，時間依存の $e^{i\omega t}$ を省略し，C で複素正弦波を表すことである．

● 一般にフェーザ表現では，$\omega \geq 0$ の場合だけを考える．

● フェーザ表現 C が与えられたとき，それが表す複素正弦波は $Ce^{i\omega t}$ であり，もとの物理的信号は，実部をとることによって次式のように与えられる．
$$Re\left(Ce^{i\omega t}\right) = |C|\cos\left(\omega t + \arg(C)\right) \tag{2.46}$$

● フェーザ表現が C の正弦波のフェーザ表現 D の正弦波に対する位相差は次式で求まる．
$$\arg(C) - \arg(D) = \arg(C/D) \tag{2.47}$$

ただし，2π の整数倍の不定性を除いて等号が成立している．

複素正弦波から $e^{i\omega t}$ を除いたフェーザ表現においては，実数 $C = 1$ が正弦波を $\cos\omega t$ を表

すことになる．また，$Re(z) = \frac{1}{2}(z+\bar{z})$ および $\overline{e^{i\omega t}} = e^{-i\omega t}$ より，実部を取ることは，もとの信号とその周波数をマイナスにした信号との和を考えていることになる．したがって，$\omega \geq 0$ の場合だけを考えれば良い．

位相差を求める式 (2.47) の関係は，次式より明らかである．

$$\frac{C}{D} = \frac{|C|e^{i\arg(C)}}{|D|e^{i\arg(D)}} = \left|\frac{C}{D}\right|e^{i(\arg(C)-\arg(D))} \tag{2.48}$$

フェーザ表現の複素数を，複素平面上のベクトルとして描くと理解が容易になることがある．この場合，ベクトルのノルムが振幅で，実数軸からなす角が位相であり，反時計回りが正の位相となる．特に，2 つのフェーザ表現の位相差は，2 つのベクトルがなす角となる．

$e^{i\omega_n t}$ に対する線形システムの出力を

$$D_n e^{\omega_n t} \tag{2.49}$$

とする．ここで，D_n は複素数である．線形システムの入力

$$h_{\text{in}}(t) = \sum_{n=1}^{N} C_n e^{\omega_n t} \tag{2.50}$$

に対する出力は，

$$h_{\text{out}}(t) = \sum_{n=1}^{N} C_n D_n e^{\omega_n t} \tag{2.51}$$

と求めることができる．位相に関する情報が係数に含まれるため，複素正弦波を使った方が簡単に表すことができることがわかる．

複素正弦波に対する特性がわかれば，振幅や位相の変化が実正弦波に対しても同じになるため，実際の入力に対する特性もすぐにわかる．上の例では，線形システムでは振幅が $|D_n|$ 倍，位相が $\arg(D_n)$ 進むことがわかる．したがって，式 (2.37) の $g_{\text{in}}(t)$ に対する出力は次式となる．

$$g_{\text{out}}(t) = \sum_{n=1}^{N} a_n |D_n| \cos(\omega_n t + \theta_n + \arg(D_n)) \tag{2.52}$$

2.4 電気回路 (線形回路)

ここで，フェーザ表現の応用例として，正弦波の電圧や電流を発生する交流電源，コイル，コンデンサからなる電気回路 (線形回路) を考える．

線形回路の素子特性

● 抵抗は，流れる電流 $i(t)$ に比例した電圧 $v(t)$ がその両端に発生する素子である．その関係はオームの法則で与えられる．抵抗値を R とすれば，次式が成立する．

$$v(t) = Ri(t) \tag{2.53}$$

> ● コイルは，流れる電流 $i(t)$ の微分に比例した電圧 $v(t)$ がその両端に発生する素子である．インダクタンスを L とすれば，次式が成立する．
>
> $$v(t) = L\frac{di(t)}{dt} \tag{2.54}$$
>
> ● コンデンサは，両端にかかる電圧 $v(t)$ の微分に比例した電流 $i(t)$ が流れる素子である．キャパシタンスを C とすれば，次式が成立する．
>
> $$i(t) = C\frac{dv(t)}{dt} \tag{2.55}$$

キルヒホッフの法則を使い，電源電圧などを与えれば，変数と同じ数の微分方程式が得られ，回路の電流などを計算することができる．しかしながら，一般にはコイルとコンデンサを合わせた数の階の微分方程式になるため，直接的に解くことは困難である．

そこで，このような回路が線形システムであることから，電源が複素正弦波 $Ee^{i\omega t}$ である場合を扱う．そうすれば，回路の各部の電流や電圧はやはり複素正弦波となり，$Ie^{i\omega t}$ や $Ve^{i\omega t}$ のようにして表すことができる．ここで，E, I, V などは複素数であり，電源電圧，各部の電流，電圧のフェーザ表現になっている．このように表現すれば，微分方程式ではなく，単なる代数方程式を解くだけで，各部の電圧・電流が得られる．そして，フェーザ表現で得られる複素数に $e^{i\omega t}$ を乗算して実部をとれば，それぞれの物理的な量に戻すことができる．

> **フェーザ表現による線形回路の素子特性**
>
> ● 抵抗：
> $$V = RI \tag{2.56}$$
>
> ● コイル：
> $$V = i\omega L I \tag{2.57}$$
>
> ● コンデンサ：
> $$V = \frac{1}{i\omega C} I \tag{2.58}$$

たとえばコイルの場合，複素正弦波を用いれば，

$$Ve^{i\omega t} = L\frac{d}{dt}\left(Ie^{i\omega t}\right) = i\omega L I e^{i\omega t}$$

となり，共通の $e^{i\omega t}$ で割れば，式 (2.57) が成立する．複素電流・複素電圧を使えば，周波数を固定したとき，抵抗，コイル，コンデンサの電流と電圧の関係は比例関係になる．したがって，値が複素数に拡張されるが，基本的には単なる抵抗回路を解く場合と同様に解くことができる．すなわち，微分方程式でなく，単に代数方程式を解けば，各部の電圧・電流のフェーザ表現が求まる．

電圧の電流に対する比例定数の周波数に対する依存性を見ると，抵抗はなし，コイルは周波数に比例，コンデンサは周波数に反比例する．基本的に周波数が上がると，コイルは電流が流れにくく，コンデンサは電流が流れやすくなる．

次に簡単な回路を考えてみる．

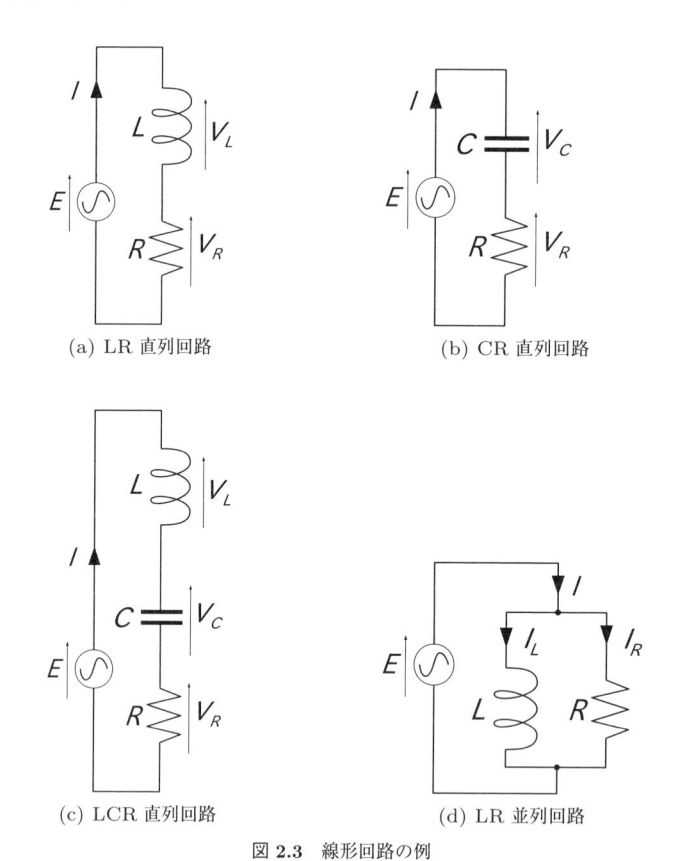

(a) LR 直列回路

(b) CR 直列回路

(c) LCR 直列回路

(d) LR 並列回路

図 2.3　線形回路の例

LR 直列回路

- 電圧 E の電源にインダクタンス L のコイルと抵抗値 R の抵抗が直列に接続された回路を考える (図 2.3 (a))．
- V_L：　コイルにかかる電圧
- V_R：　抵抗にかかる電圧
- I：　回路を流れる電流
- 回路方程式

$$E = V_L + V_R \tag{2.59}$$

$$V_L = i\omega L I \tag{2.60}$$

$$V_R = RI \tag{2.61}$$

● 求めた電流のフェーザ表現
$$I = \frac{E}{R + i\omega L} \tag{2.62}$$

● 求めた電流の振幅
$$|I| = \frac{|E|}{|R + i\omega L|} = \frac{|E|}{\sqrt{R^2 + (\omega L)^2}} \tag{2.63}$$

● 求めた電流の電源電圧に対する位相差
$$\arg(I/E) = -\tan^{-1} \frac{\omega L}{R} \tag{2.64}$$

コイルと抵抗が直列に回路に接続されているため，$E = V_L + V_R$ が成立し，電源，コイル，抵抗に流れる電流が等しくなる．したがって，素子特性を使い V_L と V_R を消去すれば，

$$(R + i\omega L)I = E$$

となり，式 (2.62) が得られる．この式から，電流の大きさが式 (2.63) で与えられる．

電流の電圧に対する位相差は，I/E の位相を求めれば良い．

$$\frac{I}{E} = \frac{1}{R + i\omega L} \tag{2.65}$$

であり，分母を有理化すれば，

$$\frac{1}{\sqrt{R^2 + \omega^2 L^2}}(R - i\omega L) \tag{2.66}$$

となる．位相差の tan が虚部と実部の比であるので，式 (2.64) が求まる．この式から，電流は電源電圧に比べて位相が遅れていることがわかる．

コイルや抵抗にかかる電圧のフェーザ表現は式 (2.60) と (2.61) に代入すれば求まる．

$$V_L = \frac{i\omega L E}{R + i\omega L} \tag{2.67}$$

$$V_R = \frac{RE}{R + i\omega L} \tag{2.68}$$

このフェーザ表現から，振幅や，電源電圧との位相差を計算することができる．たとえば，V_L の振幅は，

$$|V_L| = \frac{\omega L |E|}{\sqrt{R^2 + \omega^2 L^2}} \tag{2.69}$$

となる．E に対する位相は，V_L/E の分母を有理化して，

$$\frac{L}{\sqrt{R^2 + \omega^2 L^2}}(\omega L + iR) \tag{2.70}$$

となるので，

$$\arg(V_L/E) \tan^{-1} = \frac{R}{\omega L} \tag{2.71}$$

となる．コイルの電圧は電源電圧に比べて位相が進んでいることがわかる．

CR 直列回路

- 電圧 E の電源にキャパシタンス C のコンデンサと抵抗値 R の抵抗が直列に接続された回路を考える (図 2.3 (b)).
- V_C: コイルにかかる電圧
- V_R: 抵抗にかかる電圧
- I: 回路を流れる電流
- 回路方程式

$$E = V_C + V_R \tag{2.72}$$

$$V_C = \frac{1}{i\omega C} I \tag{2.73}$$

$$V_R = RI \tag{2.74}$$

- 求めた電流電圧のフェーザ表現

$$I = \frac{E}{R + \frac{1}{i\omega C}} \tag{2.75}$$

- 求めた電流の振幅

$$|I| = \frac{|E|}{|R + \frac{1}{i\omega C}|} = \frac{|E|}{\sqrt{R^2 + \frac{1}{(\omega C)^2}}} = \frac{\omega C |E|}{\sqrt{\omega^2 C^2 R^2 + 1}} \tag{2.76}$$

- 求めた電流の電源電圧に対する位相差

$$\arg(I/E) = \tan^{-1} \frac{1}{\omega CR} \tag{2.77}$$

フェーザ表現の電流の方程式は,

$$\frac{1}{i\omega C} I + RI = E$$

となるので,LR 回路と同様に計算できる.電流は電源電圧よりも位相が進んでいることがわかる.

LCR 直列回路

- 電圧 E の電源にインダクタンス L のコイル,キャパシタンス C のコンデンサ,抵抗値 R の抵抗が直列に接続された回路を考える (図 2.3 (c)).
- V_L: コイルにかかる電圧
- V_C: コンデンサにかかる電圧
- V_R: 抵抗にかかる電圧
- I: 回路を流れる電流

- 回路方程式

$$E = V_L + V_C + V_R \tag{2.78}$$

$$V_L = i\omega L I \tag{2.79}$$

$$V_L = \frac{1}{i\omega C} I \tag{2.80}$$

$$V_R = RI \tag{2.81}$$

- 求めた電流とその大きさおよび電源電圧に対する位相差

$$I = \frac{E}{R + i\left(\omega L - \frac{1}{\omega C}\right)} \tag{2.82}$$

$$|I| = \frac{|E|}{\sqrt{R^2 + \left(\omega L - \frac{1}{\omega C}\right)^2}} \tag{2.83}$$

$$\arg(I/E) = -\tan^{-1} \frac{\omega L - \frac{1}{\omega C}}{R} \tag{2.84}$$

フェーザ表現の電流の方程式は，

$$i\omega L I + \frac{I}{i\omega L} + RI = E$$

となるので，式 (2.82) が成立する．振幅と位相もこの絶対値と I/E の位相を考えればわかる．

LR 並列回路

- 電圧 E の電源にインダクタンス L のコイルと抵抗値 R の抵抗が並列に接続された回路を考える (図 2.3 (d))．
- I_L： コイルに流れる電流
- I_R： 抵抗に流れる電流
- I： 電源から流れ出る電流
- 回路方程式

$$I = I_L + I_R \tag{2.85}$$

$$I_L = \frac{E}{i\omega L} \tag{2.86}$$

$$I_R = \frac{E}{R} \tag{2.87}$$

- 求めた電源電流のフェーザ表現

$$I = \left(\frac{1}{R} + \frac{1}{i\omega L}\right) E \tag{2.88}$$

- 求めた電流の振幅

$$|I| = \left|\frac{1}{R} + \frac{1}{i\omega L}\right| |E| = |E|\sqrt{\frac{1}{R^2} + \frac{1}{(\omega L)^2}} \qquad (2.89)$$

コイルと抵抗には電源電圧 E がかかっているため，それらに流れる電流が計算できる．そして，電源に流れる電流は，コイルに流れる電流と抵抗に流れる電流の和として求めることができる．

LCR 直列回路の周波数特性 (周波数を変数とした電圧，電流の大きさやその位相) は興味深いが，それについては，次のボード線図の節で説明する．

2.5 ボード線図

ボード線図
- 振幅図
- 位相図

ボード線図 (Bode plot：ボーデ線図とも言う) は，周波数に対する観察する値 (電圧，電流，電圧の比) の振幅と位相の変化をそれぞれ図で表し，その線形システムの様子をわかりやすくするためのグラフである．

振 幅 図
- 対象となる値の振幅 (フェーザ表現の絶対値) を図示する．
- 横軸に (角) 周波数，縦軸に振幅をとる．
- 両軸とも，対数スケールを用いる．

  f を信号の周波数 X_0 を定数とするとき，振幅 A が $|X_0|f^{-2}$, $|X_0|f^{-1}$, $|X_0|$, $|X_0|f^1$, $|X_0|f^2$ と書けるとき，それぞれ，傾き -2, -1, 0, 1, 2 の直線になる．傾きは f べき乗だけに依存し，係数 $|X_0|$ はその傾きの直線を上下させるだけである．

振幅 A が周波数によって変化する関数 $|X(f)|$ で与えられるとき，両対数スケールのグラフにおける傾きとは，2 つの周波数 f_1, f_2 に対して，

$$\frac{\log_{10}|X(f_2)| - \log_{10}|X(f_1)|}{\log_{10} f_2 - \log_{10} f_1}$$

を意味している．図 2.4 は $|X_0| = 1$ のときのグラフを図示したものである．

もう少し複雑な，LR 回路の電流の例を考える．f_0 を定数として，振幅が

$$|X(f)| = \frac{|X_0|}{\sqrt{(f/f_0)^2 + 1}} \qquad (2.90)$$

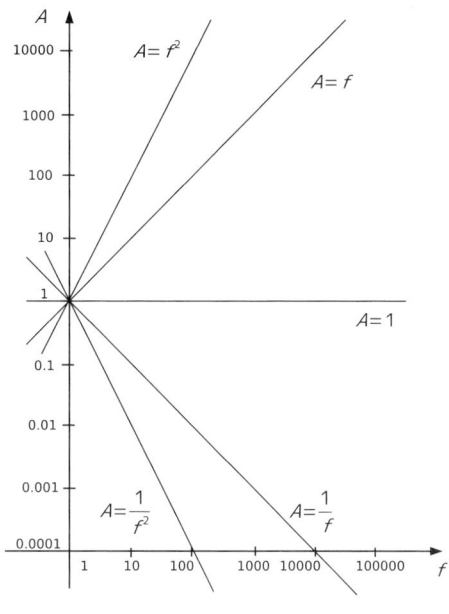

図 2.4 ボード線図 (振幅図)

で与えられるものとする．$f \ll f_0$ の場合は，分母の f/f_0 の項を無視でき，

$$|X(f)| \simeq |X_0| \tag{2.91}$$

となり，振幅図では傾き 0 の直線になる．逆に $f \gg f_0$ では，分母の 1 の項が無視できて，

$$|X(f)| \simeq \frac{|X_0|}{\sqrt{(f/f_0)^2}} = \frac{|X_0|f_0}{f} \tag{2.92}$$

となり，振幅図では傾き -1 の直線となる．f が f_0 付近では，両方の直線をなめらかにつなげば良い．とくに，$f = f_0$ のときは，

$$|X(f_0)| = \frac{|X_0|}{\sqrt{2}} \tag{2.93}$$

となり，$|X(f)| = |X_0|$ の直線から $\sqrt{2}$ だけ下の点になる．ここで「下の」と表現した理由は，縦軸が log スケールであるから，

$$\log_{10} \frac{|X_0|}{\sqrt{2}} = \log_{10} |X_0| - \frac{1}{2} \log_{10} 2 \simeq \log_{10} |X_0| - 0.15 \tag{2.94}$$

となり，log スケールで 10 倍を 1 としたとき，$|X_0|$ の位置よりも 0.15 程度下になる．

LR 回路の電流の場合は，

$$f_0 = \frac{R}{2\pi L} \tag{2.95}$$

とおけば，

$$|I(f)| = \frac{|E|/R}{\sqrt{(f/f_0)^2 + 1}} \tag{2.96}$$

が成立する．$f = f_0$ において，電流の振幅が周波数の低い ($f \ll f_0$) ときの $1/\sqrt{2}$ 倍になる．このような周波数をカットオフ周波数と呼ぶ．

図 2.5 LR 直列回路の電流の振幅図

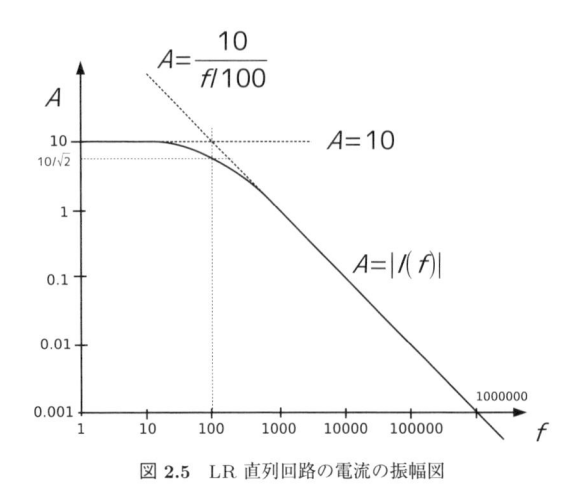

図 2.5 は，$|E|/R = 10$，$f_0 = 100$ の場合に，このグラフを図示したものである．$|I(f)|$ の曲線は，2 つの直線 $A = |E|/R (= 10)$ と $A = |E|f_0/(Rf)(= 1000/f)$ をなめらかにつないだものになる．

次に，CR 直列回路の電流の例を考える．f_0 を定数として，振幅が

$$|X(f)| = \frac{|X_0|}{\sqrt{(f_0/f)^2 + 1}} \tag{2.97}$$

で与えられるものとする．$f \ll f_0$ の場合は，分母の 1 の項を無視でき，

$$|X(f)| \simeq \frac{|X_0|f}{f_0} \tag{2.98}$$

という傾き 1 の直線になる．逆に $f \gg f_0$ では，分母の f_0/f の項が無視できて，

$$|X(f)| = |X_0| \tag{2.99}$$

となり，傾き 0 の直線となる．f が f_0 付近では，両方の直線をなめらかにつなげば良い．とくに，$f = f_0$ のときは，

$$|X(f)| \simeq \frac{|X_0|}{\sqrt{2}} \tag{2.100}$$

となり，$|X(f)| = |X_0|$ の直線から $1/\sqrt{2}$ 倍を表す約 0.15 (10 倍を 1 として) だけ下がった点になる．

図 2.6 は，$|E|/R = 10$，$f_0 = 100000$ の場合に，このグラフを図示したものである．$|I(f)|$ の曲線は，2 つの直線 $A = |E|/R(= 10)$ と $A = |E|f/(Rf_0)(= f/10000)$ をなめらかにつないだものになる．

LCR 直列回路の電流の振幅はもう少し複雑である．ここでは，振幅 A が

$$|X(f)| = \frac{|X_0|}{\sqrt{\left(\frac{f}{f_0} - \frac{f_0}{f}\right)^2 + \frac{1}{Q^2}}} \tag{2.101}$$

という関数で与えられるものとする．$f \ll f_0$ の場合は，分母の f/f_0 と $1/Q^2$ の項を無視でき，

$$|X(f)| \simeq \frac{|X_0|f}{f_0} \tag{2.102}$$

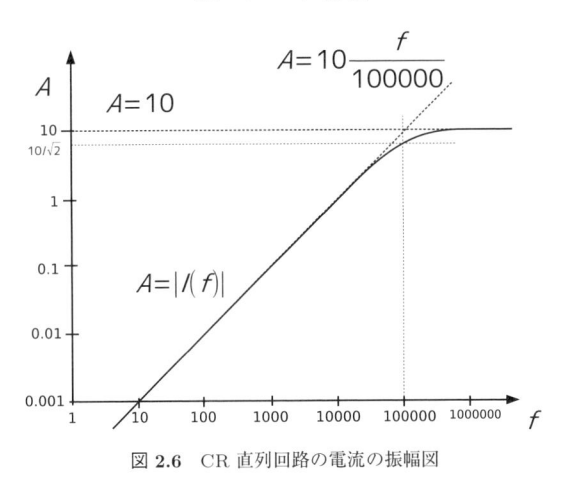

図 2.6 CR 直列回路の電流の振幅図

という傾き 1 の直線になる．逆に $f \gg f_0$ では，分母の f_0/f と $1/Q^2$ の項が無視できて，

$$|X(f)| \simeq \frac{|X_0|f_0}{f} \tag{2.103}$$

となり，傾き -1 の直線となる．2 つの直線は，$f = f_0$ において $A = |X_0|$ で交わる．しかしながら，そこでの実際の振幅は $A = |X(f_0)| = |X_0|Q$ であり，$|X_0|$ の Q 倍になる．

LCR 回路の電流の場合は，

$$f_0 = \frac{1}{2\pi\sqrt{LC}}$$

$$Q = \frac{1}{R}\sqrt{\frac{L}{C}}$$

とおけば，

$$|I(f)| = \frac{\sqrt{\frac{C}{L}}|E|}{\sqrt{\left(\frac{f}{f_0} - \frac{f_0}{f}\right)^2 + \frac{1}{Q^2}}} \tag{2.104}$$

となる．

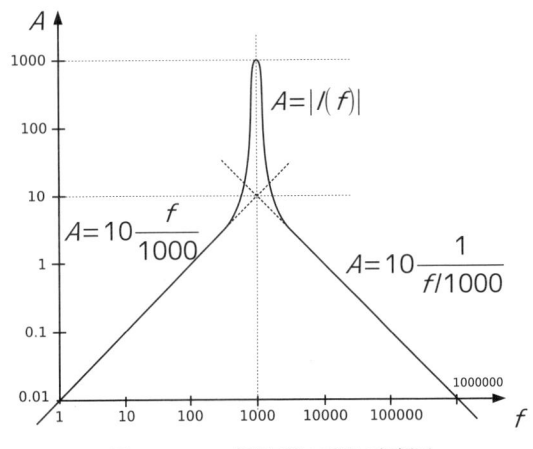

図 2.7 LCR 直列回路の電流の振幅図

図 2.7 は、$\sqrt{C/L}|E| = 10$, $f_0 = 1000$, $Q = 100$ の場合に，このグラフを図示したものである．$|I(f)|$ の曲線は，2つの直線 $A = |E|\sqrt{C}f/\sqrt{L}f_0 (= f/100)$ と $A = |E|\sqrt{C}f_0/\sqrt{L}f (= 10000/f)$ と $f = f_0$ におけるピークをなめらかにつないだものになる．電流が $f = f_0$ のときに急に大きくなっていることがわかる．このような回路を共振回路と呼び，f_0 を共振周波数と呼ぶ．周波数がある共振周波数に近い周波数の信号だけを取り出すために使われる．昔のラジオ受信機は，ラジオ局ごとに電波の周波数が異なるため，この共振回路を使ってラジオ局を選択していた．Q は共振回路の Q 値と呼ばれ，共振回路がどのくらい狭い範囲で周波数を選択することができるかを表す．電流が $f = f_0$ における最大値の $1/\sqrt{2}$ となる周波数を f_2 と f_1 ($f_2 > f_0 > f_1 \geq 0$) とおけば，

$$\frac{f_2 - f_1}{f_0} = \frac{1}{Q} \tag{2.105}$$

が成立する．実際，電流が最大値の $1/\sqrt{2}$ になるときは，分母の2つの項の値が等しいときであり，

$$\frac{f_1}{f_0} - \frac{f_0}{f_1} = \frac{1}{Q} \tag{2.106}$$

$$\frac{f_2}{f_0} - \frac{f_0}{f_2} = -\frac{1}{Q} \tag{2.107}$$

が成立することから計算できる．

Q が高いとラジオ受信機の周波数の選択性が良くなり，混信を防ぐことができる．一方，機械などで物体が振動に対して共振するとき，Q が高いと振動が大きくなり，破壊につながる場合があるため注意が必要である．

LR 並列回路の電流の場合は，

$$f_0 = \frac{R}{2\pi L} \tag{2.108}$$

とおけば，

$$|I(f)| = \frac{|E|/R}{\sqrt{\left(\frac{f}{f_0}\right)^2 + 1}} \tag{2.109}$$

となる．$f = f_0$ で電流が周波数の低い ($f \ll f_0$) ときの $1/\sqrt{2}$ 倍になるが，このような周波数をカットオフ周波数と呼ぶ．

LR 並列回路の電流の振幅は，式 (2.95) の f_0 に対して，

$$|I| = \frac{|E|}{R}\sqrt{\left(\frac{f_0}{f}\right)^2 + 1} \tag{2.110}$$

であり，CR 並列回路の電流の振幅は，式 (2.108) の f_0 に対して，

$$|I| = \frac{|E|}{R}\sqrt{\left(\frac{f}{f_0}\right)^2 + 1} \tag{2.111}$$

となる．この振幅図を書くことは練習問題とする．

位 相 図

● 対象となる信号の位相を図示する．
● 横軸に (角) 周波数，縦軸に位相をとる．
● 周波数軸には対数スケールを用いる．位相軸には通常のスケールを用いる．

CR 並列回路の電源電流の周波数 f における位相 θ は，

$$\theta = \tan^{-1} \frac{f}{f_0} \tag{2.112}$$

という形で書くことができる．図 2.8 は，$f_0 = 100000$ のときに θ を図示したものである．

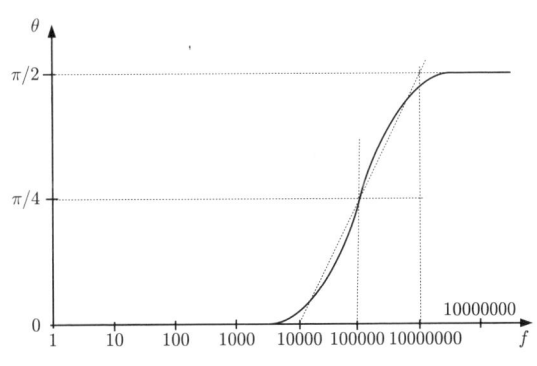

図 2.8 LR 並列回路の電流の位相図

式 (2.112) を見れば，$f=0$ で $\theta=0$，$f=f_0$ で $\theta=\frac{\pi}{4}$，$f \to \infty$ で $\theta=\frac{\pi}{2}$ となることがわかる．また，$\theta = \frac{f_0}{10}$ のときは $\tan(1/10) \simeq 0.100$ で，$\theta = 10 f_0$ のときは $\tan 10 \simeq \frac{\pi}{2} - 0.100$ である．したがって，$\theta = 0$ という直線から $(f, \theta) = (f_0/10, 0), (10 f_0, \pi/2)$ の 2 点を通る直線，次に $\theta = \pi/2$ の直線をなめらかにつなげば良い．また，$\theta = f_0$ での直線の傾きを考えると，片対数グラフであるため，

$$\begin{aligned}
\left. \frac{d}{dx} \tan^{-1}(10^x / f_0) \right|_{x = \log_{10} f_0} &= \left. \frac{1}{f_0} \frac{d 10^x}{dx} \right|_{x = \log_{10} f_0} \left. \frac{d \tan^{-1} f}{df} \right|_{f = f_0} \\
&= \frac{1}{f_0} (\log_e 10) 10^{\log_{10} f_0} \frac{1}{\left. \frac{d \tan \theta}{d \theta} \right|_{\theta = \frac{\pi}{4}}} \\
&= (\log_e 10) \frac{1}{\frac{1}{(\cos \frac{\pi}{4})^2}} \simeq 1.151
\end{aligned}$$

となり，傾きは $(f, \theta) = (f_0/10, 0), (10 f_0, \pi/2)$ の 2 点を通る直線の傾き $\pi/4 \simeq 0.785$ よりも少し大きくなる．このような特徴を使って記したグラフが，先の図 2.8 である．

CR 直列回路，LCR 直列回路の電流の位相図を書くことは練習問題とする．

問 題

[**2.1**] 式 (2.17) で α に $\alpha + \pi/2$ を代入し，式 (2.16) を導出せよ．

[**2.2**] 式 (2.18) で α と β に，それぞれ $\alpha + \pi/2$ と $\beta + \pi/2$ を代入し式 (2.20) を導出せよ．

[**2.3**] LR 並列回路および CR 並列回路の電源電流の振幅図を書け．

[**2.4**] CR 直列回路の電流の位相図を書け．

[**2.5**] LCR 直列回路の電流の位相図を書け．

[**2.6**] LCR 直列回路のコイルにかかる電圧 (V_L) の振幅図と位相図を書け．

3 フーリエ変換

前章で，線形システムにとって正弦波が重要であること，任意の信号は正弦波の1次結合で表せることを述べた．本章と次章で，任意の信号からその係数を求める方法，フーリエ級数展開，フーリエ変換，ラプラス変換と，逆にその係数からもとの信号を計算する方法について論じる．

フーリエ級数展開・フーリエ変換・ラプラス変換

- フーリエ級数展開： 有限区間で定義された信号，あるいは有限長の信号が繰り返している信号(周期関数)を扱う．
- フーリエ変換： マイナス無限大からプラス無限大で定義された信号を扱う．
- ラプラス変換： 0からプラス無限大で定義された信号を扱う．

前章の2.3節で説明したように，線形システムに正弦波を入力したとき，その出力は同じ周波数の正弦波になる．また，複数の信号の1次結合を線形システムに入力すれば，その出力は，入力と同じ重みによるそれぞれの信号の出力の1次結合になる．したがって，一般の信号を考える場合，その信号がどの周波数の正弦波がどのくらい含んでいるか，すなわち1次結合の係数を調べることが重要になる．

3.1 フーリエ級数展開

フーリエ級数展開

- 2つの実数 T_1, T_2 ($T_2 > T_1$) に対して，$x(t)$ を区間 $[T_1, T_2]$ 上で定義された関数とする．
- フーリエ級数展開(Fourier series expansion)は次式で定義される．

$$x(t) = a_0 + \sum_{n=1}^{\infty}\left(a_n \cos\left(\frac{2\pi n}{T_2-T_1}t\right) + b_n \sin\left(\frac{2\pi n}{T_2-T_1}t\right)\right) \tag{3.1}$$

● フーリエ級数展開係数は以下のように求まる．

$$a_0 = \frac{1}{T_2-T_1}\int_{T_1}^{T_2} x(t)dt \tag{3.2}$$

$$a_n = \frac{2}{T_2-T_1}\int_{T_1}^{T_2} x(t)\cos\left(\frac{2\pi n}{T_2-T_1}t\right)dt \tag{3.3}$$

$$b_n = \frac{2}{T_2-T_1}\int_{T_1}^{T_2} x(t)\sin\left(\frac{2\pi n}{T_2-T_1}t\right)dt \tag{3.4}$$

式 (3.1) は，任意の関数 $x(t)$ を，a_n, b_n を係数とする正弦波の1次結合で表すことができることを示している．また，式 (3.2), (3.3), (3.4) は，それらの係数は $x(t)$ と正弦波の積の積分で求まることを示している．

区間長 $T = T_2 - T_1$ に対して，式 (3.1) の和に現れる三角関数の周期は T/n である．周期の整数倍も周期であるため，和に現れるすべての三角関数が周期 T の周期関数となっている．

フーリエ級数展開と周期関数

● 式 (3.2) の右辺は周期 $T = T_2 - T_1$ の周期関数である．
● したがって，周期 T の周期関数から長さ T の区間を取り出し，式 (3.2)〜(3.4) を使って，展開係数を計算することによって，フーリエ級数展開することができる．この場合，式 (3.1) は，区間 $(-\infty, \infty)$ で成立する．

区間長を三角関数の周期 2π とし，たとえば区間を $[-\pi, \pi]$ とするとき，フーリエ級数展開の式は以下のように簡単になる．

$$x(t) = a_0 + \sum_{n=1}^{\infty}(a_n \cos nt + b_n \sin nt) \tag{3.5}$$

$$a_0 = \frac{1}{2\pi}\int_{-\pi}^{\pi} x(t)dt \tag{3.6}$$

$$a_n = \frac{1}{\pi}\int_{-\pi}^{\pi} x(t)\cos nt\, dt \tag{3.7}$$

$$b_n = \frac{1}{\pi}\int_{-\pi}^{\pi} x(t)\sin nt\, dt \tag{3.8}$$

フーリエ級数の式には，位相項がない．その代わりに sin 関数と cos 関数の両方を使っている．$\omega_n = 2\pi n/(T_2-T_1)$ とすれば，

$$A\cos(\omega_n t + \theta_n) = A\cos(\theta_n)\cos(\omega_n t) - A\sin(\theta_n)\sin(\omega_n t) \tag{3.9}$$

となる．したがって，$a_n = A\cos\theta_n$, $b_n = -A\sin\theta_n$ とすることにより，a_n と b_n で振幅と位相を表すことができる．

3.2 フーリエ級数の複素数表示

> **フーリエ級数の複素数表示**
> - $\sin\omega t, \cos\omega t$ ではなく，$e^{i\omega t}$ を使って表す．
> - $g(t)$ が区間 $[T_1, T_2]$ の関数の場合は，次のようになる．
>
> $$g(t) = \sum_{n=-\infty}^{\infty} c_n e^{\frac{2\pi i n}{T_2-T_1}t} \tag{3.10}$$
>
> $$c_n = \frac{1}{T_2-T_1}\int_{T_1}^{T_2} g(t) e^{\frac{-2\pi i n}{T_2-T_1}t} dt \tag{3.11}$$

$\omega > 0$ のとき，$e^{i\omega t}$ は時間とともに複素平面で反時計回りに回転し，$e^{-i\omega t}$ は時計回りに回転する．t 軸も考えれば，両者は t 軸に沿った螺旋であり，ねじれる方向は逆になる．この様々なねじれの周期の螺旋の1次結合により，1つの信号が表されることになる．

式 (3.1) をフーリエ級数展開の実数表示，式 (3.10) を複素数表示と呼ぶことにする．

> **複素数表示の特徴**
> - 実数表示では2種類の実数の係数 a_n, b_n が必要であったが，複素数表示では1種類の複素数の係数 c_n によって表現できる．
> - 同様に複素数表示では，展開係数を導く積分が1種類ですむことになる．
> - 実数表示では，係数のインデックス n は0以上でよかったが，複素数表示では負の場合も考える必要がある．

$g(t)$ が実関数の場合は，式 (3.10) の複素共役を考えれば，$\overline{e^{i\theta}} = e^{-i\theta}$ より，

$$c_{-n} = \overline{c_n} \tag{3.12}$$

が成立する．したがって，c_n の $n \geq 0$ の部分さえわかれば，フーリエ級数展開が計算できる．

三角関数を使ったフーリエ級数展開と，複素数の指数関数を使ったフーリエ級数展開は，オイラーの公式 ($e^{i\theta} = \cos\theta + i\sin\theta$) を使えばその関係を明らかにすることができる．たとえば，係数の関係は以下のようになる．

$$c_n = \begin{cases} \frac{a_n - ib_n}{2} & (n > 0) \\ a_0 & (n = 0) \\ \frac{a_{-n} + ib_{-n}}{2} & (n < 0) \end{cases} \tag{3.13}$$

逆の関係も

$$a_0 = c_0$$
$$a_n = c_n + c_{-n}$$
$$b_n = i(c_n - c_{-n})$$

と表すことができる．

フーリエ級数の証明とは言えないが，フーリエ級数の正しさを実感するために，関数が式 (3.10) で与えられているとき，その係数 c_n が式 (3.11) によって与えられることを示す．すなわち，任意の関数が三角関数の 1 次結合で与えられることは仮定して，その係数が式 (3.11) で求められることを示す．

まず，クロネッカーのデルタ (Kronecker delta) $\delta_{m,n}$ を以下のように定義する．

$$\delta_{m,n} = \begin{cases} 1 & (m = n) \\ 0 & (m \neq n) \end{cases} \tag{3.14}$$

$T = T_2 - T_1$ とおくと，次式が成立する．

$$\int_{T_1}^{T_2} e^{\frac{2\pi i m}{T} t} e^{\frac{-2\pi i n}{T} t} dt = T \delta_{m,n} \tag{3.15}$$

この証明は以下の通りである．$m = n$ のときは次のようになる．

$$\int_{T_1}^{T_2} e^{\frac{2\pi i n}{T} t} e^{\frac{-2\pi i n}{T} t} dt = \int_{T_1}^{T_2} dt = T \tag{3.16}$$

$m \neq n$ のときは次のようになる．

$$\int_{T_1}^{T_2} e^{\frac{2\pi i m}{T} t} e^{\frac{-2\pi i n}{T} t} dt = \int_{T_1}^{T_2} e^{\frac{2\pi i (m-n)}{T} t} dt$$
$$= \frac{T}{2\pi i(m-n)} [e^{\frac{2\pi i(m-n)}{T} t}]_{T_1}^{T_2} = \frac{T e^{2\pi i(m-n)T_1}}{2\pi i(m-n)} (e^{2\pi i(m-n)} - 1) = 0 \tag{3.17}$$

$g(t)$ が式 (3.10) で与えられるとき，式 (3.11) の右辺で計算される関数のフーリエ展開係数を d_m とすれば，

$$d_m = \frac{1}{T} \int_{T_1}^{T_2} g(t) e^{-\frac{2\pi i n}{T} t} dt = \frac{1}{T} \int_{T_1}^{T_2} \left(\sum_{n=-\infty}^{\infty} c_n e^{\frac{2\pi i n}{T} t} \right) e^{-\frac{2\pi i m}{T} t} dt$$
$$= \frac{1}{T} \sum_{n=-\infty}^{\infty} c_n \int_{T_1}^{T_2} \left(e^{\frac{2\pi i (n-m)}{T} t} \right) dt = \frac{1}{T} \sum_{n=-\infty}^{\infty} c_n T \delta_{m,n} = c_m \tag{3.18}$$

となり c_m に一致する．したがって，関数が式 (3.10) で与えられている場合，フーリエ級数展開

$$\sum_{n=-\infty}^{\infty} d_n e^{\frac{2\pi i n}{T} t} \tag{3.19}$$

がもとの関数 $g(t)$ に一致する．

同様な証明は sin 関数，cos 関数を使ったフーリエ級数展開 (3.1) の場合も可能である．ただし，定数，sin 関数，cos 関数の場合分けをしなくてはいけないため証明が面倒になる．

フーリエ級数展開に関して，畳み込み演算について知る必要があるが，フーリエ変換に関する畳み込み演算を説明した後の 3.6.3 項で説明する．

3.3 フーリエ級数展開の例

簡単のために，$T_1 = -\pi$, $T_2 = \pi$ とする．ここでは，次のような 5 つの関数を考える．

$$x_1(t) = 1 \tag{3.20}$$

$$x_2(t) = \sin kt \tag{3.21}$$

$$x_3(t) = \cos kt \tag{3.22}$$

$$x_4(t) = t \tag{3.23}$$

$$x_5(t) = \begin{cases} 0 & (t < 0) \\ 1 & (t \geq 0) \end{cases} \tag{3.24}$$

ここで，k は定数である．$x_i(t)$ ($i = 1, 2, 3, 4, 5$) に対する，複素数表示のフーリエ展開の係数 $c_{i,n}$ ($i = 1, 2, 3, 4, 5$, $n = 0, \pm 1, \pm 2, \cdots$) は，以下のように計算できる．

$$c_{1,n} = \frac{1}{2\pi} \int_{-\pi}^{\pi} e^{-int} dt = \begin{cases} 1 & (n = 0) \\ 0 & (\text{else}) \end{cases} \tag{3.25}$$

$$c_{2,n} = \frac{1}{2\pi} \int_{-\pi}^{\pi} \sin kt \, e^{-int} dt = \frac{1}{4\pi i} \int_{-\pi}^{\pi} (e^{-i(n-k)t} - e^{-i(n+k)t}) dt$$

$$= \begin{cases} \frac{1}{2i} & (n = k) \\ -\frac{1}{2i} & (n = -k) \\ 0 & (\text{else}) \end{cases} \tag{3.26}$$

$$c_{3,n} = \frac{1}{2\pi} \int_{-\pi}^{\pi} \cos kt \, e^{-int} dt = \frac{1}{4\pi} \int_{-\pi}^{\pi} (e^{-i(n-k)t} + e^{-i(n+k)t}) dt$$

$$= \begin{cases} \frac{1}{2} & (n = k) \\ \frac{1}{2} & (n = -k) \\ 0 & (\text{else}) \end{cases} \tag{3.27}$$

$c_{4,n}$ は，$n = 0$ のときは，

$$c_{4,0} = \frac{1}{2\pi} \int_{-\pi}^{\pi} t e^{-int} dt = 0 \tag{3.28}$$

となり，$n \neq 0$ のときは，部分積分を使って，

$$c_{4,n} = \frac{1}{2\pi} \int_{-\pi}^{\pi} t e^{-int} dt = \frac{1}{2\pi} \int_{-\pi}^{\pi} t \left(\frac{1}{-in} e^{-int} \right)' dt$$

$$= \frac{1}{2\pi} \left[t \left(\frac{1}{-in} e^{-int} \right) \right]_{-\pi}^{\pi} - \int_{-\pi}^{\pi} \frac{1}{-in} e^{-int} dt$$

$$= -\frac{1}{2\pi in} \{\pi(-1)^n - (-\pi)(-1)^n\} - \frac{1}{2\pi(-in)^2} \left[e^{-int} \right]_{-\pi}^{\pi} = \frac{(-1)^{n+1}}{in} \tag{3.29}$$

となる．また，$c_{5,n}$ は，$n = 0$ のとき，

$$c_{5,0} = \frac{1}{2\pi} \int_{0}^{\pi} dt = \frac{1}{2} \tag{3.30}$$

となり，$n \neq 0$ のときは，

$$c_{5,n} = \frac{1}{2\pi}\int_0^\pi e^{-int}dt = -\frac{1}{2\pi in}\left[e^{-int}\right]_0^\pi = \frac{1-(-1)^n}{2\pi in} = \begin{cases} \frac{1}{\pi in} & (n：奇数) \\ 0 & (n：偶数) \end{cases} \tag{3.31}$$

となる.

実数表示では，$x_i(t)$ の係数を，$a_{i,n}$, $b_{i,n}$ とおけば，

$$a_{1,n} = \begin{cases} 1 & (n=0) \\ 0 & (\text{else}) \end{cases} \tag{3.32}$$

$$b_{1,n} = 0 \tag{3.33}$$

$$a_{2,n} = 0 \tag{3.34}$$

$$b_{2,n} = \begin{cases} 1 & (n=k) \\ 0 & (\text{else}) \end{cases} \tag{3.35}$$

$$a_{3,n} = \begin{cases} 1 & (n=k) \\ 0 & (\text{else}) \end{cases} \tag{3.36}$$

$$b_{3,n} = 0 \tag{3.37}$$

$$a_{4,n} = 0 \tag{3.38}$$

$$b_{4,n} = \frac{2(-1)^{n+1}}{n} \tag{3.39}$$

$$a_{5,n} = \begin{cases} \frac{1}{2} & (n=0) \\ 0 & (\text{else}) \end{cases} \tag{3.40}$$

$$b_{5,n} = \frac{1-(-1)^n}{\pi n} = \begin{cases} \frac{2}{\pi n} & (n：奇数) \\ 0 & (n：偶数) \end{cases} \tag{3.41}$$

となる．これらの式は，式 (3.2), (3.3), (3.4) によって直接に計算しても，あるいは式 (3.14), (3.14), (3.14) によって変換しても得ることができる．

3.4 フーリエ級数展開の不連続点での性質

有限項数で打ち切り

- $T_1 = -\pi$，$T_2 = \pi$ として，複素表示の級数の和を $\pm N$ までの有限項で打ち切った $x(t; N)$ を考える．

$$x(t; N) = \sum_{n=-N}^{N} c_n e^{int} \tag{3.42}$$

- $x(t; N)$ は，原信号 $x(t)$ を近似したものになるが，それは次式を小さくするという意味での近似である．

$$\int_{-\pi}^{\pi} |x(t;N) - x(t)|^2 dt \tag{3.43}$$

- したがって，N を大きくしても，ある t に対しては，$|x(t;N) - x(t)|$ があまり小さくならない場合もある．

フーリエ級数展開の式 (3.1), (3.10) の等号は，厳密に等しいことを意味するわけではなく，「いたるところ等しい」という意味で成立する．ただし，たとえば連続関数ならば等号が厳密に成立する．すなわち，任意の t で $|x(t;N) - x(t)|$ は 0 に収束する．区分的に連続 (有限個の不連続点があり，不連続点と不連続点の間は連続) で，有界な (関数の値が $\pm\infty$ に発散しない) 関数の場合は，その不連続点となる t を除いて式 (3.1) と式 (3.10) が成立する．

不連続点での性質

- 区分的に連続な関数のフーリエ級数を考える．
- フーリエ級数は，右極限と左極限の平均値に収束する．

$$\lim_{N \to \infty} x(t_0;N) = \frac{1}{2}\left(\lim_{t \to t_0+0} x(t) + \lim_{t \to t_0-0} x(t)\right) \tag{3.44}$$

- ギブスの現象： t_0 における不連続の飛び幅を，

$$h = \lim_{t \to t_0+0} x(t) - \lim_{t \to t_0-0} x(t) \tag{3.45}$$

とおけば，N をいくら大きくしても t_0 の近傍に，誤差が次式程度になる t が存在する．

$$|x(t;N) - x(t)| \simeq \left(\frac{1}{\pi}\int_0^\pi \frac{\sin t}{t}dt - \frac{1}{2}\right)|h| \simeq 0.089|h| \tag{3.46}$$

$x(t)$ が区分的に連続の場合の不連続点の性質を説明する．$x(t)$ の t_0 における右極限と左極限を，それぞれ，$\lim_{t \to t_0+0} x(t)$ と $\lim_{t \to t_0-0} x(t)$ と書く．右極限は t_0 よりも大きい方から，t を t_0 に近づけたときの極限であり，左極限は t_0 よりも小さい方から t を t_0 に近づけたときの極限である．たとえば，式 (3.24) の $x_5(t)$ の場合は，$t=0$ における右極限は 1 で，左極限は 0 である．連続な点では，右極限と左極限は一致する．

証明は省略するが，フーリエ級数の収束値は，式 (3.44) のように，右極限と左極限の値の平均になる (連続点では右極限と左極限が一致するので，この式は連続点でも成立する)．たとえば，$x_5(t)$ の場合は，$t=0$ では $1/2$ に収束する．

図 3.1 は，N を 0, 1, 3, 5, 11, 51 として，$x_5(t)$ のフーリエ級数を打ち切った関数のグラフである．N を大きくすると，N で打ち切ったフーリエ級数 $x_5(t;N)$ がしだいに $x_5(t)$ に近づいていくことがわかる．不連続点の周辺で N を大きくしても，誤差 $|x_5(t;N) - x_5(t)|$ が大きい部分の幅が狭くなるが，その高さがあまり変わらない部分が存在することがわかる．幅が小さくなるため，誤差を積分したものは小さくなり，全体としての近似精度は上がっていくが，誤

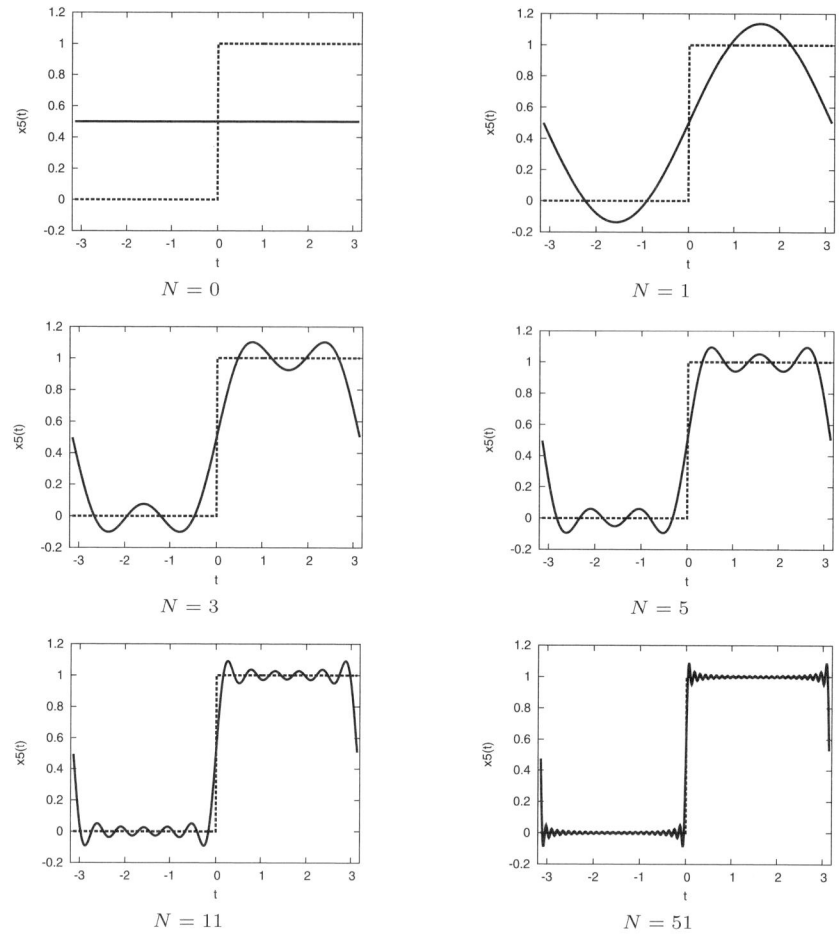

図 3.1 フーリエ級数の打ち切り

差最大点での精度はあまり変わっていない．この誤差の大きさは不連続点での飛び $1-0=1$ のおよそ 0.089 倍であり，およそ 0.089 の誤差が生じていることが図からも読み取れる．

孤立した不連続点において関数の値が異なっても，またギブスの現象が生じても，連続な部分で関数の値が十分近似できれば，工学的にはあまり問題がない場合が多いため，フーリエ級数展開を利用することができる．

3.5 フーリエ変換

フーリエ変換

- フーリエ変換は，信号が区間が $(-\infty, \infty)$ で定義されている場合に扱う．
- 任意の関数 $x(t)$ に対して，次式が成立する．

$$X(\omega) = \int_{-\infty}^{\infty} x(\tau)e^{-i\omega\tau}d\tau \tag{3.47}$$

$$x(t) = \frac{1}{2\pi}\int_{-\infty}^{\infty} X(\omega)e^{i\omega t}d\omega \tag{3.48}$$

● $x(t)$ から $X(\omega)$ への変換をフーリエ変換 (Fourier transform) と呼び，$X(\omega)$ から $x(t)$ への変換を逆フーリエ変換と呼ぶ．

● 上式では角周波数 ω を用いて表現したが，通常の周波数 f を用いることもできる．

$$X(f) = \int_{-\infty}^{\infty} x(\tau)e^{-2\pi if\tau}d\tau \tag{3.49}$$

$$x(t) = \int_{-\infty}^{\infty} X(f)e^{2\pi ift}df \tag{3.50}$$

● 絶対可積分 (フーリエ変換が存在するための条件の一つ)：
$x(t)$ が絶対可積分であるとは，ある実数 M が存在して，任意の $a<b$ に対して次式が成立することである．

$$\int_a^b |x(t)|dt < M \tag{3.51}$$

フーリエ級数の式からフーリエ変換を導く．$(-\infty,\infty)$ で定義された任意の関数 $g(f)$ の $-\infty$ から ∞ までの積分を区分近似する．まず，f 軸上の点 $f_n = n/T$ $(n = 0,\pm 1,\pm 2,\ldots)$ をとる．微小区間 $[f_n - 1/(2T), f_n + 1/(2T)]$ での積分は，$g(f)$ の値が変わらないと仮定して，

$$\frac{1}{T}g(f_n) \tag{3.52}$$

で近似できる．したがって，積分はすべての整数 n に関してこれを加算して，$T \to \infty$ の極限をとれば，$g(f)$ の $-\infty$ から ∞ までの積分に収束する．すなわち，$T \to \infty$ で次式が成立する．

$$\sum_{n=-\infty}^{\infty} \frac{1}{T}g(t_n) \to \int_{-\infty}^{\infty} g(f)df \tag{3.53}$$

$T_1 = -T/2$, $T_2 = T/2$ とし，フーリエ級数展開の式 (3.11) を式 (3.10) に代入すれば，

$$x(t) = \sum_{n=-\infty}^{\infty} \left(\frac{1}{T}\int_{-T/2}^{T/2} x(\tau)e^{\frac{-2\pi in}{T}\tau}d\tau\right)e^{\frac{2\pi in}{T}t} \tag{3.54}$$

が，$-T/2 \leq t \leq T/2$ で成立する．

$$g(f) = \left(\int_{-T/2}^{T/2} x(\tau)e^{-2\pi if\tau}d\tau\right)e^{2\pi ift} \tag{3.55}$$

とおけば，式 (3.54) は，

$$x(t) = \sum_{n=-\infty}^{\infty} \frac{1}{T}g(f_n) \tag{3.56}$$

となる．したがって，$T \to \infty$ の極限で式 (3.53) を使えば，

$$x(t) = \int_{-\infty}^{\infty} g(f)df = \int_{-\infty}^{\infty}\left(\int_{-\infty}^{\infty} x(\tau)e^{-2\pi if\tau}d\tau\right)e^{2\pi ift}df \tag{3.57}$$

が成立する．この式の括弧の中を $X(f)$ とすれば，式 (3.49)，(3.50) が成立する．周波数 f から角周波数 ω の式に変換するためには，$\omega = 2\pi f$ の関係を使って変数変換をすれば良い．

3.6 フーリエ変換の性質

3.6.1 畳み込み積分とフーリエ変換

畳み込み積分

- 2つの信号 $w(t)$, $x(t)$ の畳み込み積分 $(w * x)(t)$ を以下のように定義する.

$$(w * x)(t) \equiv \int_{-\infty}^{\infty} w(\tau)x(t-\tau)d\tau = \int_{-\infty}^{\infty} w(t-\tau)x(\tau)d\tau \tag{3.58}$$

- 上式で, $w(t)$, $x(t)$, $(w * x)(t)$ のフーリエ変換を, $W(\omega)$, $X(\omega)$, $Y(\omega)$ とすれば,

$$Y(\omega) = W(\omega)X(\omega) \tag{3.59}$$

が成立し, 単なる関数の積になる.

- 角周波数でなく, 通常の周波数 f を使った場合も同じ式が成立する.

$$Y(f) = W(f)X(f) \tag{3.60}$$

まず, 式 (3.59) を証明するために, $\int_{-\infty}^{\infty} w(\tau)x(t-\tau)d\tau$ のフーリエ変換を考える.

$$Y(\omega) = \int_{-\infty}^{\infty} \int_{-\infty}^{\infty} w(t-\tau)x(\tau)d\tau e^{-i\omega t} dt \tag{3.61}$$

積分の順番を入れ替えることができるから,

$$Y(\omega) = \int_{-\infty}^{\infty} \int_{-\infty}^{\infty} w(t-\tau)e^{-i\omega t} dt\, x(\tau)\, d\tau \tag{3.62}$$

となる. $u = t - \tau$ とおき, τ を固定した積分の変数を t から u に代えれば, $dt = du$ であり, 積分範囲も $-\infty$ から $+\infty$ までとなるので,

$$Y(\omega) = \int_{-\infty}^{\infty} \int_{-\infty}^{\infty} w(u)e^{i\omega(u+\tau)} du\, x(\tau) d\tau \tag{3.63}$$

となる. $e^{i\omega(u+\tau)} = e^{i\omega u} e^{i\omega \tau}$ が成立するので, 被積分関数を τ の関数と u の関数の積に分解することができる. したがって, 積分も 2 つの積分の積に書くことができるので,

$$Y(\omega) = \int_{-\infty}^{\infty} w(u)e^{i\omega u} du \int_{-\infty}^{\infty} x(\tau)e^{i\omega \tau} d\tau = W(\omega)X(\omega) \tag{3.64}$$

となる. 式 (3.58) の第 2 式と第 3 式の等号は変数変換をすれば得られる.

3.6.2 単位インパルス応答

デルタ関数

3.6 フーリエ変換の性質

● ディラックのデルタ関数 (Dirac's delta function) $\delta(t)$
積分可能な関数 $x(t)$ が $t = 0$ で連続ならば，次式が成立する．

$$\int x(\tau)\delta(\tau)d\tau = x(0) \tag{3.65}$$

● $\delta(t)$ は，$t \neq 0$ で 0 であり，$t = 0$ では有限の値を持たない．
● デルタ関数を時間軸に沿って平行移動すれば，次式が成立する．

$$\int_{-\infty}^{\infty} x(\tau)\delta(\tau - t)d\tau = x(t) \tag{3.66}$$

● 実数 $a > 0$ に対して，デルタ関数を近似した次の関数を考える．

$$\delta_a(t) = \begin{cases} 0 & (t > a) \\ \frac{1}{a} & (0 \leq t \leq a) \\ 0 & (t < 0) \end{cases} \tag{3.67}$$

直感的には，デルタ関数は $\delta_a(t)$ の $a \to 0$ の極限をとった関数と考えられる．

近似デルタ関数 $\delta_a(t)$ を積分すると，a に関わらず 1 である．また，$a(>0)$ が十分小さければ，t が $0 \leq t \leq a$ の範囲で $x(t)$ は $x(0)$ で近似でき，それ以外の領域では $\delta_a(t)$ は 0 となるので，

$$\int x(\tau)\delta_a(\tau)d\tau \simeq \int x(0)\delta_a(\tau)d\tau = x(0) \tag{3.68}$$

となる．したがって，デルタ関数は，近似デルタ関数の $a \to 0$ の極限のようなものと考えることができる．ただし，近似デルタ関数の関数としての極限は存在しない．デルタ関数は，厳密には「関数」ではなく超関数として定義される．超関数を定義する方法としては次の 2 つが有名である．

● シュワルツ (Schwartz) の distribution： コンパクトな台を持つ無限回連続微分可能な関数の線形汎関数の全体
● 佐藤，河合，柏原の hyperfunction： 正則関数の層係数コホモロジー

通常の関数も超関数理論の枠組みの中に含まれるため，超関数理論の中で単位インパルス応答などを厳密に議論することが可能である．これらは本書の枠を越えているが興味がある場合は，参考文献を参照すると良い．

線形システムの初期状態を考慮する必要がある場合，入力と出力は $y = ax + b$ のような関係になり (b で初期状態の影響を表す)，線形関係 $y = ax$ ではなくなる．ただし，現実のシステムでは，時間が十分経過すれば初期状態の影響を無視できることが多い．以下のインパルス応答の議論では，上記のように入力と出力は線形関係である場合を考える．

デルタ関数とフーリエ変換

● デルタ関数をフーリエ変換したものは 1 と考えることができる．すなわちデルタ関

数は，すべての周波数の正弦波を位相 0, 密度 1 で含んでいる．
- $e^{i\omega_0 t}$ をフーリエ変換したものは，$2\pi\delta(\omega - \omega_0)$ になる．
- 角周波数でなく周波数を使った場合，$e^{2\pi i f_0 t}$ をフーリエ変換したものは，$\delta(f - f_0)$ になる (係数が異なる)．

数学的に厳密ではないが，デルタ関数をフーリエ変換すると，

$$\int_{-\infty}^{\infty} \delta(t)e^{-i\omega t}dt = e^{-i\omega 0} = 1 \tag{3.69}$$

となる．ω によらず，値が 1 であることがわかる．

$e^{i\omega_0 t}$ のフーリエ変換は，$2\pi\delta(\omega - \omega_0)$ の逆フーリエ変換が，

$$\frac{1}{2\pi}\int_{-\infty}^{\infty} 2\pi\delta(\omega - \omega_0)e^{i\omega t}d\omega = e^{i\omega_0 t} \tag{3.70}$$

となることから，$e^{i\omega_0 t}$ のフーリエ変換が，$2\pi\delta(\omega - \omega_0)$ であることがわかる．

また，この関係を使えば，$\cos\omega_0 t = \frac{1}{2}(e^{i\omega_0 t} + e^{-i\omega_0 t})$ のフーリエ変換は，$\pi(\delta(\omega - \omega_0) + \delta(\omega + \omega_0))$ であることなどがわかる．したがって，無限に続く角周波数 ω_0 の正弦波は，周波数軸上では $\pm\omega_0$ 以外の振幅が 0 であり，デルタ関数で表されることになる．ただし，デルタ関数であるので，$e^{-i\omega_0 t}$ のフーリエ変換は関数としては存在しない．

(単位) インパルス応答

- 線形システムの単位インパルス応答とは，線形システムの入力にデルタ関数を加えたときの出力を意味する．
- 線形システムの単位インパルス応答を $w(t)$ とするとき，入力 $x(t)$ を加えたときの出力 $y(t)$ は，畳み込み積分 (式 (3.58)) で与えられる．

$$y(t) = (w * x)(t) \tag{3.71}$$

- 線形システムでは，デルタ関数に対する出力 (単位インパルス応答) $w(t)$ がわかっていれば，任意の入力に対して出力を求めることができる．

式 (3.58) の意味を考える．$a > 0$ を小さな実数，$\tau_n = an$ とおいて，$x(t)$ を階段関数 $x_a(t)$ で近似することを考える．

$$x(t) \simeq x_a(t) \equiv \sum_{n=-\infty}^{\infty} x(\tau_n)\delta_a(t - \tau_n)a \tag{3.72}$$

これは，τ_n から τ_{n+1} までが $1/a$ で，それ以外が 0 である関数 $\delta_a(t - \tau_n)$ に重み $a\,x(\tau_n)$ をかけたものの和に，$x(t)$ を近似的に分解していることになる．

いま，単位インパルス応答の近似として，$\delta_a(t)$ に対する応答を $w_a(t)$ とする．システムを時不変としているので，近似デルタ関数 $\delta_a(t)$ を t 軸方向に τ_n だけ平行移動させた，すなわち，時間的に τ_n だけ遅らせた関数 $\delta_a(t - \tau_n)$ に対する出力は，$w_a(t - \tau_n)$ になる．したがって，

3.6 フーリエ変換の性質

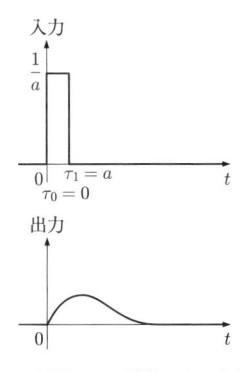

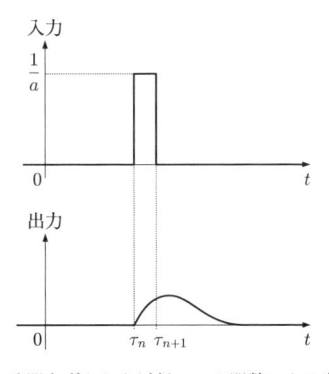

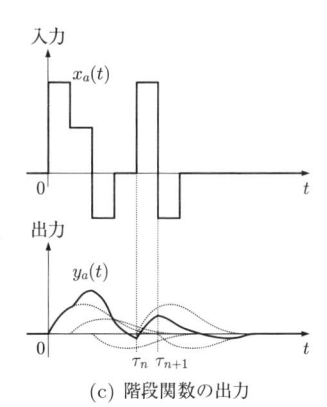

(a) 近似デルタ関数による出力 (b) 時間をずらした近似デルタ関数による出力 (c) 階段関数の出力

図 3.2 単位インパルス応答 (近似)

$x_a(t)$ に対する出力 $y_a(t)$ は，

$$y_a(t) \equiv \sum_{n=-\infty}^{\infty} x(\tau_n) w_a(t - \tau_n) a \tag{3.73}$$

となる．図 3.2 は，この様子を図示したものである．図 3.2 (a), (b), (c) は，それぞれ，近似デルタ関数，近似デルタ関数を τ_n だけ平行移動した関数，近似入力 $x_a(t)$ に対する出力を図示したものである．図 3.2 (c) は，$\tau_n \leq t \leq \tau_{n+1}$ での近似入力 $(a\,x_a(\tau_n))\delta_a(t - \tau_n)$ が，出力 $(a\,x_a(\tau_n))w_a(t - \tau_n)$ となり，その n に対する和で $x_a(t)$ の出力 $y_a(t)$ が得られることを示している．このように，階段関数の場合は入力をそれぞれの高さの単方形波の和に分解して，それらの単方形波に対する出力 (図 3.2 (c) の破線) を加算することによって，任意の入力に対する出力 (図 3.2 (c) の実線) が得られる．

階段関数 $x_a(t)$ の式を連続時間上の関数 $x(t)$ の式にするためには，$a \to 0$ の極限をとればよい．式 (3.72) で $a \to 0$ の極限をとれば，$1/a$ を $d\tau$ として和が積分になり，

$$x(t) = \int_{-\infty}^{\infty} x(\tau) \delta(t - \tau) d\tau \tag{3.74}$$

が得られる．これは式 (3.66) である．また，式 (3.73) も $a \to 0$ で同様に，

$$y(t) = \int_{-\infty}^{\infty} x(\tau) w(t - \tau) d\tau \tag{3.75}$$

となる．この式も線形システムの出力が，入力信号を重みをかけたデルタ関数を平行移動したものの和 (積分) に分解し，それらの出力に対する和 (積分) として得られることを示している．

単位インパルス応答と伝達関数

- 伝達関数 $W(\omega)$： 単位インパルス応答 $w(t)$ をフーリエ変換したもの．
- $X(\omega)$, $Y(\omega)$ を，それぞれ，入力 $x(t)$, 出力 $y(t)$ をフーリエ変換したものとおけば次式が成立する．

$$Y(\omega) = W(\omega) X(\omega) \tag{3.76}$$

- システムの入力に $e^{i\omega_0 t}$ を加えたときの出力は，$W(\omega_0)e^{i\omega_0 t}$ になる．

式 (3.76) 自体は，式 (3.59)，(3.71) より明らかである．この式の意味は，フーリエ変換した線形システムの出力は，フーリエ変換した入力と伝達関数の積で求めることができるということである．畳み込み積分より単純な積の方が，計算が簡単で結果の見通しも良いため，伝達関数やフーリエ変換した信号を使って線形システムを論じることが多い．

$e^{i\omega_0 t}$ をフーリエ変換すると $2\pi\delta(\omega-\omega_0)$ になる．したがって，伝達関数を $W(\omega)$ とし，$e^{i\omega_0 t}$ を入力に加えたときの出力をフーリエ変換したものは $2\pi W(\omega)\delta(\omega-\omega_0)$ になる．$\delta(\omega-\omega_0)$ は，$\omega \neq \omega_0$ では値を持たないため，

$$2\pi W(\omega)\delta(\omega-\omega_0) = 2\pi W(\omega_0)\delta(\omega-\omega_0) \tag{3.77}$$

が成立する．この $2\pi W(\omega_0)\delta(\omega-\omega_0)$ を逆フーリエ変換すれば，$W(\omega_0)$ は定数であるから，出力の時間関数 $W(\omega_0)e^{i\omega_0 t}$ が求まる．

単位インパルス応答では，入力をデルタ関数を平行移動したものの重み付き和に分解して出力を求めたが，デルタ関数に対する出力は一般にはデルタ関数でないため，畳み込み積分をすることが必要になる．しかしながら，フーリエ変換を使って入力を正弦波に分解すれば，正弦波に対する出力は，位相と振幅は変わるが同じ周波数の正弦波になる．そして，位相と振幅は1つの複素数で表すことができるため，周波数ごとの複素数の積として出力を求めることができる．

第 3 章の LR 回路の解析で，電源電圧に対する回路電流をフェーザ表現で求めた．フェーザ表現は，たとえば，電源電圧を $E(\omega)e^{i\omega t}$ としたときの電流 $I(\omega)e^{i\omega t}$ が計算できるので，共通の $e^{i\omega t}$ を省略して，E と I だけで表示したものである．また，電源電圧に対する回路電流は，線形微分方程式で与えることができるため，この回路は線形システムと考えることができる．このとき，フェーザ表現による電源電圧に対する回路電流の比 $I(\omega)/E(\omega)$ は，回路のパラメータと周波数で表現することが可能で，線形システムとしての伝達関数 $W(\omega)$ と考えることができる．すなわち，電源電圧が単なる正弦波より複雑な波形を持つもので，それをフーリエ変換したものを $E_0(\omega)$ とすれば，回路電流をフーリエ変換したものは $W(\omega)E_0(\omega)$ によって求めることができる．

回路電流の周波数特性を，ボード線図によってわかりやすく表現することができるが，伝達関数もその特性を理解するためにボード線図によって表現することが多い．

3.6.3 フーリエ級数展開と畳み込み積分・和

フーリエ級数展開と畳み込み積分・和

- $w(t)$, $x(t)$, $y(t)$ を周期 $T_2 - T_1$ の周期関数と考え，それぞれのフーリエ級数展開 (複素数) の係数を p_n, c_n, d_n とおく．

- $w(t), x(t)$ の畳み込み積分を次式で定義する．
$$y(t) = w(t) * x(t) \equiv \frac{1}{T_2-T_1}\int_{T_1}^{T_2} w(t-\tau)x(\tau)d\tau \tag{3.78}$$
このとき，$y(t)$ のフーリエ級数展開の係数は，$w(t)$ と $x(t)$ の係数の積になる．
$$d_n = p_n c_n \tag{3.79}$$
- フーリエ級数展開の畳み込み和を次式で定義する．
$$d_n = p_n * c_n \equiv \sum_{m=\infty}^{\infty} p_{n-m} c_m \tag{3.80}$$
このとき，$y(t)$ は $w(t)$ と $x(t)$ の積になる．
$$y(t) = w(t)x(t) \tag{3.81}$$

フーリエ級数展開でも，畳み込み積分が変換した関数では単なる積になるという性質が成り立つ．以下にその証明を行う．

$w(t), x(t)$ の周期性から，下の積分順序の交換が可能である．

$$\begin{aligned} d_n &= \frac{1}{T_2-T_1}\int_{T_1}^{T_2} \frac{1}{T_2-T_1}\int_{T_1}^{T_2} w(t-\tau)x(\tau)d\tau e^{-\frac{2\pi i n}{T_2-T_1}t}dt \\ &= \frac{1}{(T_2-T_1)^2}\int_{T_1}^{T_2}\int_{T_1}^{T_2} w(t-\tau)x(\tau)e^{-\frac{2\pi i n}{T_2-T_1}t}dtd\tau \end{aligned}$$

$u = t - \tau$ とおいて変数変換すれば，$w(t), x(t), e^{-\frac{2\pi i n}{T_2-T_1}t}$ の周期性から u の積分範囲も T_1 から T_2 とすることができるので，次式が成立し，係数の積になることがわかる．

$$\begin{aligned} d_n &= \frac{1}{(T_2-T_1)^2}\int_{T_1}^{T_2}\int_{T_1}^{T_2} w(u)x(\tau)e^{-\frac{2\pi i n}{T_2-T_1}(u+\tau)}dud\tau \\ &= \left(\frac{1}{T_2-T_1}\int_{T_1}^{T_2} w(u)e^{-\frac{2\pi i n}{T_2-T_1}u}du\right)\left(\frac{1}{T_2-T_1}\int_{T_1}^{T_2} x(\tau)e^{-\frac{2\pi i n}{T_2-T_1}\tau}d\tau\right) \\ &= p_n c_n \end{aligned}$$

次に，$p_n * c_n$ を係数として展開する．和の順番は交換できるので，

$$y(t) = \sum_{n=-\infty}^{\infty}\sum_{m=-\infty}^{\infty} p_{n-m} c_m e^{\frac{2\pi i n}{T_2-T_1}t} = \sum_{m=-\infty}^{\infty}\sum_{n=-\infty}^{\infty} p_{n-m} c_m e^{\frac{2\pi i n}{T_2-T_1}t}$$

となる．$k = n - m$ とおけば，和の範囲は $-\infty$ から ∞ となり，次式が成立する．

$$\begin{aligned} y(t) &= \sum_{m=-\infty}^{\infty}\sum_{k=-\infty}^{\infty} p_k c_m e^{\frac{2\pi i(m+k)}{T_2-T_1}t} = \left(\sum_{k=-\infty}^{\infty} p_k e^{\frac{2\pi i k}{T_2-T_1}t}\right)\left(\sum_{m=-\infty}^{\infty} c_m e^{\frac{2\pi i m}{T_2-T_1}t}\right) \\ &= w(t)x(t) \end{aligned}$$

問 題

[3.1] $T_1 = -\pi$, $T_2 = \pi$ として，次の関数をフーリエ級数展開せよ．
$$x(t) = \begin{cases} 1 & \left(-\frac{1}{2} \leq t \leq \frac{1}{2}\right) \\ 0 & (\text{else}) \end{cases}$$

[3.2] 次の関数をフーリエ変換せよ．
$$x(t) = \begin{cases} 1 + \cos t & (-\pi \leq t \leq \pi) \\ 0 & (\text{else}) \end{cases}$$

[3.3] $\mathrm{sinc}(2t)$ と $\mathrm{sinc}(3t)$ の畳み込み積分の結果を求めよ (それぞれをフーリエ変換し，その2つを乗算し，逆フーリエ変換すればよい．この関数のフーリエ変換については，6.2節を参考にすること).

4 ラプラス変換

フーリエ変換では無限区間の信号を扱うことができるが，正弦波のような絶対可積分でない信号を扱うことができなかった．ラプラス変換は，時間が負の領域で信号の値が 0 であるという条件が必要であるが，それ以降無限に続く正弦波も扱うことができ，応用範囲がフーリエ変換より広がり，線形システムの過渡解析などに応用されている．本章では，このラプラス変換と逆変換の方法とその性質について論じる．

4.1 ラプラス変換

ラプラス変換の基本

- ラプラス変換 (Laplace transform) で扱う関数 $x(t)$ は，t が負の領域で関数値が 0 でなくてはいけない．すなわち，$t < 0$ において次の条件を満たす必要がある．

$$x(t) = 0 \tag{4.1}$$

- $x(t)$ のラプラス変換は，s を複素数として次式で与えられる．

$$X(s) = \int_0^\infty x(\tau) e^{-s\tau} d\tau \tag{4.2}$$

- $X(s)$ の逆ラプラス変換は次式で与えられる．

$$x(t) = \frac{1}{2\pi i} \int_{\sigma_0 - i\infty}^{\sigma_0 + i\infty} X(s) e^{st} ds \tag{4.3}$$

ラプラス変換は，線形システムの時間応答を解析するために重要な役割を果たす．フーリエ変換では，1（定数），$\cos 2\pi f_0 t$ をフーリエ変換すると，$\delta(f)$，$\frac{\delta(f - f_0) + \delta(f + f_0)}{2}$ のような超関数になり，簡単に扱うことができない．また，e^t のような発散する関数を扱うことはできない．

ラプラス変換では，時間関数に対し $t < 0$ で $x(t) = 0$ という条件が必要になるが，指数関数や三角関数と同等の関数を容易に扱うことができる．また，ある時刻より前において信号の値

が一定と仮定することは，すべての信号は何かしらから生成されるものであり，その生成が開始される前では信号値が一定と考えることができるので，物理的には自然なものである．そして，時間や信号値の原点は任意に選ぶことができるので，時間信号に $t<0$ で $x(t)=0$ という条件も自然なものになる．たとえば，電源スイッチを入れる前の出力は 0 である．

ラプラス変換の式はフーリエ変換の式と類似している．基本的には，$i\omega$ を複素数 s に置き換えた形をしている．次に，ラプラス変換を説明するために，用いる記号・用語を説明する．

記　　号

- t: 時間を表す変数 (実数)
- s: ラプラス変換した関数の変数 (複素数)
- 時間関数: ラプラス変換の対象となる時間軸上で定義された関数 (例：$x(t)$)
- 変換関数: ラプラス変換した後の s 平面上で定義された関数 (例：$X(s)$)
- 単位 (ユニット) ステップ関数 (ヘビサイド関数): ラプラス変換において定数の代わりになる関数であり，次式で定義される．

$$u(t) \equiv \begin{cases} 0 & (t<0) \\ 1 & (t \geq 0) \end{cases} \tag{4.4}$$

- ラプラス変換を $\mathcal{L}$，逆ラプラス変換を $\mathcal{L}^{-1}$ で表す．

$$X(s) = \mathcal{L}[x(t)] \tag{4.5}$$
$$x(t) = \mathcal{L}^{-1}[X(s)] \tag{4.6}$$

式 (4.6) は，$X(s)$ を逆ラプラス変換したものが $x(t)$ であることを表している．
- 因果律: システムに入力が加わる前にその入力に対する出力が現れない．

現実のシステムでは因果律が成立する．したがって，システムに入力を加える前の出力は一般には 0 である．線形システムの単位インパルス応答 (デルタ関数 $\delta(t)$ を加えたときの出力) によって，線形システムを特徴づけることができるが，この応答は $t<0$ で $x(t)=0$ となる．したがって，ラプラス変換では自然に因果律を導入することが可能である．

また，時間関数に対する条件のため，1 (定数)，$\cos\omega_0 t$，e^t に相当する関数として，それぞれ，

$$1 \equiv u(t) \tag{4.7}$$

$$\cos\omega_0 t \equiv \begin{cases} 0 & (t<0) \\ \cos\omega_0 t & (t \geq 0) \end{cases} \tag{4.8}$$

$$e^t \equiv \begin{cases} 0 & (t<0) \\ e^t & (t \geq 0) \end{cases} \tag{4.9}$$

と記号を再定義して利用する．このように，ラプラス変換を用いるときは，一般的な関数の記号でも，その関数の値を $t<0$ で値を 0 にした関数を表しているものとする．

ラプラス変換をフーリエ変換から導く．$t<0$ で 0 になる関数 $x(t)$ をラプラス変換するときに，σ_0 を十分大きな正の定数とし，

$$\int_{-\infty}^{\infty} e^{-\sigma_0 t}|x(t)|dt = \int_{0}^{\infty} e^{-\sigma_0 t}|x(t)|dt \tag{4.10}$$

が有界であるものとする．このとき，$e^{-\sigma_0 t}x(t)$ は，絶対可積分であるのでフーリエ変換することが可能である．したがって，

$$X'(\omega) = \int_{-\infty}^{\infty} e^{-\sigma_0 t}x(t)e^{-i\omega t}dt \tag{4.11}$$

$$e^{-\sigma_0 t}x(t) = \frac{1}{2\pi}\int_{-\infty}^{\infty} X'(\omega)e^{i\omega t}d\omega \tag{4.12}$$

が成立する．式 (4.11) を整理して，また，式 (4.12) の両辺に $e^{\sigma_0 t}$ をかければ，次式が得られる．

$$X'(\omega) = \int_{-\infty}^{\infty} x(t)e^{-(\sigma_0+i\omega)t}dt \tag{4.13}$$

$$x(t) = \frac{1}{2\pi}\int_{-\infty}^{\infty} X'(\omega)e^{(\sigma_0+i\omega)t}d\omega \tag{4.14}$$

となる．$\sigma_0+i\omega t$ を s とおく．式 (4.13) では，s はパラメータであり置き換えれば良い．式 (4.14) では，s は積分変数になる．

$$d\omega = \frac{1}{i}ds \tag{4.15}$$

であり，ω が $-\infty$ から ∞ まで動くとき，s は $\sigma_0-i\infty$ から $\sigma_0+i\infty$ まで動くため，ラプラス変換の式 (4.2) と逆変換の式 (4.3) が得られる．

4.2 ラプラス変換の性質

具体的なラプラス変換の計算を記す前に，その性質を示す．

線 形 性

● 線形性： $\alpha,\ \beta$ を定数とすれば，次式が成立する．

$$\mathcal{L}[\alpha x(t) + \beta y(t)] = \alpha\mathcal{L}[x(t)] + \beta\mathcal{L}[y(t)] \tag{4.16}$$

ラプラス変換が関数空間から関数空間への線形変換になっていることは，その定義式より，

$$\int_{0}^{\infty}(\alpha x + \beta y)(\tau)e^{-s\tau}d\tau = \alpha\int_{0}^{\infty}x(\tau)e^{-s\tau}d\tau + \beta\int_{0}^{\infty}y(\tau)e^{-s\tau}d\tau \tag{4.17}$$

となることからわかる．

微分・積分に関する性質

- 時間関数の微分
$$\mathcal{L}\left[\frac{dx(t)}{dt}\right] = sX(s) - x(0) \tag{4.18}$$
- 変換関数の k 階の微分
$$\mathcal{L}\left[\frac{d^k x(t)}{dt^k}\right] = s^k X(s) - s^{k-1}x(0) - s^{k-2}\left.\frac{dx(t)}{dt}\right|_{t=0} \cdots - s\left.\frac{d^{k-2}x(t)}{dt^{k-2}}\right|_{t=0} - \left.\frac{d^{k-1}x(t)}{dt^{k-1}}\right|_{t=0} \tag{4.19}$$
- 時間関数の不定積分
$$\mathcal{L}\left[\int_0^t x(\tau)d\tau\right] = \frac{X(s)}{s} \tag{4.20}$$
- 変換関数の微分または $tx(t)$ のラプラス変換
$$\mathcal{L}[-tx(t)] = \frac{dX(s)}{ds} \tag{4.21}$$
- 変換関数の n 階微分または $t^n x(t)$ のラプラス変換
$$\mathcal{L}[(-t)^n x(t)] = \frac{d^n X(s)}{ds^n} \tag{4.22}$$

微分した関数のラプラス変換は，微分方程式を解いたり，線形システムを解析するために重要である．微分した関数のラプラス変換の式 (4.18) を示す．このとき，σ_0 は，$t \to \infty$ で $x(t)e^{-st} \to 0$ となるように選ばれているものとする．部分積分を使えば，

$$\mathcal{L}\left[\frac{dx(t)}{dt}\right] = \int_0^\infty \frac{dx(t)}{dt}e^{-st}dt = [x(t)e^{-st}]_0^\infty - \int_0^\infty x(t)\frac{de^{-st}}{dt}dt$$
$$= -x(0) - \int_0^\infty x(t)(-s)e^{-st}dt = sX(s) - x(0)$$

が成立するため，式 (4.18) が成立する．

k 階の微分のラプラス変換は，上式を繰り返して適用することによって求まる．

$$\mathcal{L}\left[\frac{d^k x(t)}{dt^k}\right] = s\mathcal{L}\left[\frac{d^{k-1}x(t)}{dt^{k-1}}\right] - \left.\frac{d^{k-1}x(t)}{dt^{k-1}}\right|_{t=0} \tag{4.23}$$

時間関数の不定積分のラプラス変換も部分積分を使って次のように証明できる．

$$\mathcal{L}\left[\int_0^t x(\tau)d\tau\right] = \int_0^\infty \left(\int_0^t x(\tau)d\tau\right)\frac{1}{-s}\frac{de^{-st}}{dt}dt$$
$$= \left[\int_0^t x(\tau)d\tau \frac{1}{-s}e^{-st}\right]_0^\infty - \int_0^\infty x(t)\frac{1}{-s}e^{-st}dt$$
$$= -\frac{1}{-s}\int_0^\infty x(t)e^{-st}dt = \frac{X(s)}{s}$$

$tx(t)$ のラプラス変換，あるいは変換関数の微分については，次のように証明できる．

$$\frac{dX(s)}{ds} = \frac{d}{ds}\int_0^\infty x(t)e^{-st}dt = \int_0^\infty x(t)(-t)e^{-st}dt = -\int_0^\infty tx(t)e^{-st}dt \tag{4.24}$$

n 階の微分はこれを繰り返せば良い．

平行移動・伸縮に関する性質

● t 軸上の平行移動： 定数 $a \geq 0$ に対して，次式が成立する．

$$\mathcal{L}[x(t-a)] = e^{-as}X(s) \tag{4.25}$$

$a < 0$ のときは，$t < 0$ で $x(t) = 0$ でも，一般に $x(t-a) = 0$ が成立しないため，$\mathcal{L}[x(t-a)]$ を簡単に表すことはできない．

● s 軸上の平行移動：

$$\mathcal{L}[e^{at}x(t)] = X(s-a) \tag{4.26}$$

● t 軸上の伸縮： a を正の定数として，

$$\mathcal{L}[x(at)] = \frac{1}{a}X\left(\frac{s}{a}\right) \tag{4.27}$$

が成立する．同値な式であるが，s 軸上の伸縮は次式で表される．

$$\mathcal{L}\left[\frac{1}{a}x\left(\frac{t}{a}\right)\right] = X(as) \tag{4.28}$$

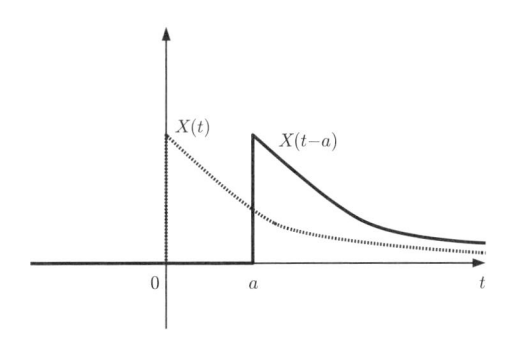

図 4.1 時間軸上の平行移動

t 軸正方向の平行移動 (図 4.1) は次のように証明できる．$t < 0$ で $x(t) = 0$ であるから，$\tau = t - a$ とおけば，

$$\mathcal{L}[x(t-a)] = \int_0^\infty x(t-a)e^{-st}dt = \int_{-a}^\infty x(\tau)e^{-s(\tau+a)}d\tau$$
$$= e^{-as}\int_0^\infty x(\tau)e^{-s\tau}d\tau = e^{-as}X(s)$$

e^{at} をかけた関数のラプラス変換は次のようにして求まる．

$$\mathcal{L}[e^{at}x(t)] = \int_0^\infty e^{at}x(t)e^{-st}dt = \int_0^\infty x(t)e^{-(s-a)t}dt = X(s-a) \tag{4.29}$$

時間座標の伸縮については，次のように証明できる．

$$\mathcal{L}[x(at)] = \int_0^\infty x(at)e^{-st}dt = \frac{1}{a}\int_0^\infty x(at)e^{-(s/a)(at)}d(at) = \frac{1}{a}X\left(\frac{s}{a}\right) \tag{4.30}$$

> **初期値・最終値の定理**
>
> ● 初期値の定理
> $$x(0) = \lim_{s \to \infty} sX(s) \tag{4.31}$$
>
> ● 最終値の定理
> $$\lim_{t \to \infty} x(t) = \lim_{s \to +0} sX(s) \tag{4.32}$$

式 (4.18) より，
$$\int_0^\infty \frac{dx(t)}{dt} e^{-st} dt = sX(s) - x(0)$$
が成立する．$t > 0$ のとき $s \to \infty$ で $e^{-st} \to 0$ となるから，式 (4.31) が成立する ($t = 0$ の 1 点だけ e^{-st} は 0 に収束しないが，積分は 0 になる)．また，$s \to +0$ とすれば，
$$\lim_{s \to +0} \int_0^\infty \frac{dx(t)}{dt} e^{-st} dt = \lim_{s \to +0} \int_0^\infty \frac{dx(t)}{dt} dt = \lim_{t \to \infty} x(t) - x(0)$$
となるので，式 (4.32) が成立する．

> **畳み込み積分**
>
> ● 時間関数の畳み込み積分
> $$w(t) * x(t) \equiv \int_0^t w(t-\tau)x(\tau)d\tau = \int_0^t x(t)x(t-\tau)d\tau \tag{4.33}$$
>
> ● ラプラス変換と時間関数の畳み込み積分
> $$\mathcal{L}[w(t) * x(t)] = W(s)X(s) \tag{4.34}$$
>
> ● 変換関数の畳み込み積分
> $$W(s) * X(s) \equiv \frac{1}{2\pi i} \int_{\sigma_0 - i\infty}^{\sigma_0 + i\infty} W(s-p)X(p)dp = \frac{1}{2\pi i} \int_{\sigma_0 - i\infty}^{\sigma_0 + i\infty} W(p)X(s-p)dp \tag{4.35}$$
>
> ● ラプラス変換と変換関数の畳み込み積分
> $$\mathcal{L}[w(t)x(t)] = W(s) * X(s) \tag{4.36}$$

ラプラス変換の時間関数の畳み込み積分は，0 から t までの積分として書く．しかしながら，$w(t)$，$x(t)$ が $t < 0$ で 0 であるので，$-\infty$ から ∞ までの積分としても同じ値になる．

式 (4.34) の証明は，フーリエ変換と基本的には同じであるが，積分の順番を交換するときに積分範囲に対する配慮が必要である．$g(t, \tau)$ を任意の関数とすれば，積分の順番の交換に関して次式が成立する．

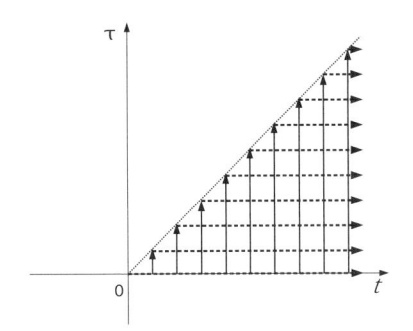

図 4.2 積分順序の交換

$$\int_0^\infty \int_0^t g(t,\tau)d\tau dt = \int_0^\infty \int_\tau^\infty g(t,\tau)dtd\tau \tag{4.37}$$

図 4.2 は，この様子を図示したものである．左辺の積分は第 1 象限内の下三角部分を実線矢印に沿って積分している．まず，t を固定して τ を 0 から t まで動かし，次に t を 0 から ∞ まで動かす．右辺の積分は図 4.2 の破線矢印に沿って積分している．まず，τ を固定して t を τ から ∞ まで動かし，次に τ を 0 から ∞ まで動かす．

$w(t) * x(t)$ のラプラス変換は，

$$\mathcal{L}[w(t) * x(t)] = \mathcal{L}\left[\int_0^t w(t-\tau)x(\tau)d\tau\right] \tag{4.38}$$

となる．式 (4.37) を使い，$\xi = t - \tau$ とする．$dtd\tau = d\xi d\tau$ であり，ξ は 0 から ∞ まで動く．したがって，次式が成立する．

$$\begin{aligned}
\mathcal{L}[w(t) * x(t)] &= \int_0^\infty \left(\int_0^t w(t-\tau)x(\tau)d\tau\right) e^{-st}dt \\
&= \int_0^\infty \int_\tau^\infty w(t-\tau)x(\tau)e^{-st}dtd\tau = \int_0^\infty \int_0^\infty w(\xi)x(\tau)e^{-s(\tau+\xi)}d\xi d\tau \\
&= \int_0^\infty w(\xi)e^{-s\xi}d\xi \int_0^\infty x(\tau)e^{-s\tau}d\tau = W(s)X(s)
\end{aligned}$$

変換関数の畳み込み積分は，複素数軸に平行な直線上を積分する．この積分に関しても同様に証明できる．

4.3 ラプラス変換の具体例

ラプラス変換の具体例 1

- 単位ステップ関数 (ユニットステップ関数, ヘビサイド関数)

$$\mathcal{L}[u(t)] = \frac{1}{s} \tag{4.39}$$

- デルタ関数

$$\mathcal{L}[\delta(t)] = 1 \tag{4.40}$$

● 指数関数

$$\mathcal{L}[e^{-at}] = \frac{1}{s+a} \tag{4.41}$$

ラプラス変換では，$t<0$ で時間関数値が 0 という制約があるため，1（定数）の代わりに単位ステップ関数を用いる．この変換は直接的に求めることができる．そのラプラス変換は，

$$\int_0^\infty u(t)e^{-st}dt = \int_0^\infty e^{-st}dt = \left[-\frac{1}{s}e^{-st}\right]_0^\infty = \frac{1}{s} \tag{4.42}$$

となり，σ_0 を $t \to \infty$ で e^{-st} が 0 になるように設定するので，3 番目の等号が成立する．デルタ関数の場合は，

$$\int_0^\infty \delta(t)e^{-st}dt = e^{-s0} = 1 \tag{4.43}$$

となり証明できる．指数関数も通常の指数関数ではなく，$t<0$ で値を 0 とした，$e^{-at}u(t)$ を意味する（$u(t)$ は単位ステップ関数）．ただし，ラプラス変換を扱う場合は e^{-at} と表記する．このラプラス変換も次のように求まる．

$$\int_0^\infty e^{-at}e^{-st}dt = \int_0^\infty e^{-(s+a)t}dt = \left[-\frac{1}{s+a}e^{-(s+a)t}\right]_0^\infty = \frac{1}{s+a} \tag{4.44}$$

この場合も，σ_0 を $t \to \infty$ で $e^{-(s+a)t}$ が 0 になるように設定する．

ラプラス変換の具体例 2

● 正弦関数

$$\mathcal{L}[\sin \omega t] = \frac{\omega}{s^2 + \omega^2} \tag{4.45}$$

● 余弦関数

$$\mathcal{L}[\cos \omega t] = \frac{s}{s^2 + \omega^2} \tag{4.46}$$

$\sin \omega t$ の積分は，オイラーの公式を使い指数関数に変換して指数関数のラプラス変換を使うことによって求めることができる．

$$\mathcal{L}[\sin \omega t] = \mathcal{L}\left[\frac{e^{i\omega t} - e^{-i\omega t}}{2i}\right] = \frac{1}{2i}\left(\mathcal{L}[e^{i\omega t}] - \mathcal{L}[e^{-i\omega t}]\right)$$
$$= \frac{1}{2i}\left(\frac{1}{s-i\omega} - \frac{1}{s+i\omega}\right) = \frac{\omega}{s^2+\omega^2}$$

余弦関数も，次式を使えば正弦関数と同様に証明できる．

$$\cos \omega t = \frac{e^{i\omega t} + e^{-i\omega t}}{2} \tag{4.47}$$

ラプラス変換の具体例 3

- t^k $(k=1,2,3,\ldots)$
$$\mathcal{L}[t^k] = \frac{k!}{s^{k+1}} \tag{4.48}$$

- 単方形波関数：
$$p(t) = \begin{cases} 0 & (t<0 \text{ or } t>T) \\ 1 & (0 \leq t \leq T) \end{cases} \tag{4.49}$$

のラプラス変換は，次式で与えられる．
$$\mathcal{L}[p(t)] = \frac{1-e^{-Ts}}{s} \tag{4.50}$$

式 (4.48) は，式 (4.22) において $x(t)=u(t)$ とすれば，
$$\mathcal{L}[(-1)^k t^k u(t)] = \frac{d^k}{ds^k}\mathcal{L}[u(t)] = \frac{d^k}{ds^k}\frac{1}{s} = (-1)^k \frac{k!}{s^{k+1}}$$

より証明できる．式 (4.48) の t^k は $t^k u(t)$ を意味している．具体例を以下に示す．
$$\mathcal{L}[1] = \frac{1}{s}$$
$$\mathcal{L}[t] = \frac{1}{s^2}$$
$$\mathcal{L}[t^2] = \frac{2}{s^3}$$

単方形波は，0 から T までの関数値が 1 で，それ以外が 0 であるものである．$u(t)$ を単位ステップ関数とすれば，$p(t)$ は時間をずらした 2 つの単位ステップ関数の差で表すことができる．したがって，
$$p(t) = u(t) - u(t-T) \tag{4.51}$$

が成立する．したがって，時間関数の平行移動の式 (4.25) より，
$$\mathcal{L}[p(t)] = \mathcal{L}[u(t)] - \mathcal{L}[u(t-T)] = \mathcal{L}[u(t)] - e^{-Ts}\mathcal{L}[u(t)] = \frac{1-e^{-Ts}}{s} \tag{4.52}$$

が成立する．

4.4 留数定理

正則関数

- 複素関数 $x(z)$：複素数 z から複素数への関数
- $z = \xi + i\eta$ を実部と虚部に分解するとき，$x(z)$ も，2 変数の 2 つの実関数 (実数から実数の関数) を使って，(ξ, η は実数で，ξ, η は，それぞれ，z の実部と虚部と呼ばれる)

$$x(z) = x_{\mathrm{R}}(\xi, \eta) + ix_{\mathrm{I}}(\xi, \eta) \tag{4.53}$$

と分解することができる．$x_{\mathrm{R}}(\xi,\eta), x_{\mathrm{I}}(\xi,\eta)$ は，それぞれ，$x(z)$ の実部と虚部である．
● コーシー–リーマンの関係式：

$$\frac{\partial x_{\mathrm{R}}}{\partial \xi} = \frac{\partial x_{\mathrm{I}}}{\partial \eta}, \quad \frac{\partial x_{\mathrm{R}}}{\partial \eta} = -\frac{\partial x_{\mathrm{I}}}{\partial \xi} \tag{4.54}$$

● 正則関数： 複素関数 $x(z)$ が正則 (holomorphic) であるとは，$x_R(\xi,\eta)$, $x_I(\xi,\eta)$ が無限回微分可能で，コーシー–リーマンの関係式を満たすことである．

逆ラプラス変換のために，複素関数に関して簡単に説明する．複素関数は実部と虚部に分けて別々の関数として考えることもできるが，正則関数とは，無限回微分可能で，1つの変数 z の関数と考えることができる関数を意味する．

複素数の多項式は，複素数全体の集合上で正則である．正則関数と正則関数の和，差，積は正則関数である．正則関数で正則関数を割ったものは，分母の正則関数が 0 とならない z の集合上で正則である．具体的関数として，指数関数 $e^z = e^{\xi}(\cos\eta + i\sin\eta)$，三角関数 $\sin z$, $\cos z$ は，複素数全体の集合上で正則である．そして，正則関数の合成関数も正則である．すなわち，$x(z)$ が $z = a$ で正則で，$y(z)$ が $z = x(a)$ で正則ならば，$y(x(z))$ は $z = a$ で正則である．また，正則関数 $x(z)$ の逆関数が $x(a)$ の近傍で定義できれば，逆関数 $x^{-1}(z)$ も $x(a)$ で正則である．

正則関数の例と正則である範囲を示す．

$$1 + (3+2i)z + 4z^2 + 3iz^3 \quad \text{複素数全体の集合で正則} \tag{4.55}$$

$$\frac{(z-2)e^{3z}}{z-1} \quad z=1 \text{ 以外で正則} \tag{4.56}$$

$$\frac{z+1}{(z+3)(z-4i)} \quad z=-3 \text{ or } z=4i \text{ 以外で正則} \tag{4.57}$$

$$\log(z) \quad z=0 \text{ 以外で正則} \tag{4.58}$$

逆に正則でない例としては，複素関数が分数の形をしていて，分母が 0 になるところでは正則ではない．また，z の複素共役 $\bar{z}$ や絶対値 $|z|(=\sqrt{z\bar{z}})$ も正則ではない．これは，それらが z の関数というより，実部 ξ，虚部 η の 2 変数の関数と考えられるからである．

特 異 点

$x(z)$ が $z = a$ で正則でないとき，点 a に関して以下の用語を定義する．
● 特異点： a のいくらでも近くに正則点が存在する．
● 孤立特異点： a のある近傍に他に特異点がない．
● 除去可能な特異点： $x(a)$ の値を上手に設定すれば ($z \neq a$ における $x(z)$ の値は変えない)，正則になる．
● 極： 自然数 $k(\geq 1)$ に対して $(x-a)^k x(z)$ が除去可能な特異点になる．
● 極の位数： $(x-a)^k x(z)$ が除去可能な特異点で，$(x-a)^{k-1} x(z)$ がそうでないと

き，k を極 a の位数と呼ぶ．
- **真性特異点：** 除去可能な特異点でも極でもない特異点．

本書では，正則でない点に関しては，孤立特異点で極である場合だけを考える．

孤立特異点でない特異点を集積特異点と呼ぶ．

除去可能な特異点を持つ関数の例を示す．

$$x(z) = \begin{cases} 1 & (z=0) \\ z & (z \neq 0) \end{cases} \tag{4.59}$$

という関数は，$z=0$ は微分ができないため特異点であるが，$z(0)=0$ と決め直せば正則関数となるため，$z=0$ は除去可能な特異点である．

極を持つ関数の例を示す．$y(z)$ を $z=a$ で正則な関数とすれば，

$$x(z) = \frac{y(z)}{(z-a)^k} \tag{4.60}$$

で，$z=a$ は $x(z)$ の極であり，その位数は k である．実際，$w(z) = (z-a)^k x(z)$ の $z=a$ の値を $y(a)$ と設定すれば，$w(z) = y(z)$ は $z=a$ で正則になる．

真性特異点を持つ関数の例を示す．

$$e^{\frac{1}{z}} = \sum_{n=0}^{\infty} \frac{1}{n! z^n} \tag{4.61}$$

は，z に関して負の無限のべき乗を持っている．この関数も $z \neq 0$ では正則関数である．

コーシーの積分定理

- **経路：** 区間 $[0,1]$ から複素数への連続な写像 $z(t)$ によって，複素数平面上の経路を表す．
- **複素積分：** 複素関数 $x(z)$ と $z(t)$ で与えられた経路 C に対して，C に沿った $x(z)$ の積分を次のように記す．

$$\int_C x(z) dz \tag{4.62}$$

- **閉路：** 経路 $z(t)$ $(t \in [0,1])$ で，始点と終点が一致する $(z(0) = z(1))$ ものである．
- **コーシーの積分定理 (Cauchy's integral formula)：** 複素関数と閉路が与えられたとき，その関数が閉路上および閉路の内部で正則ならば，その積分値は 0 になる．

経路 C に沿った $x(z)$ の複素積分は次のように定義する．区間 $[0,1]$ を $0 = t_0 < t_1 < \cdots < t_{N-1} < t_N = 1$ と分割し，τ_n を $[t_n, t_{n+1}]$ に含まれる実数とする．次の和を考える．

$$\sum_n x(z(\tau_n))(z(t_{n+1}) - z(t_n)) \tag{4.63}$$

そして，分割数を増やして $|z(t_{n+1}) - z(t_n)|$ を 0 にするとき，式 (4.63) の極限が分割や τ_n のとり方によらず存在するとき，複素積分 (4.62) をその極限値として定義する．また，閉路の積

分において，経路の始点を閉路上のどこにとっても積分値は変わらない．

経路の演算と複素積分

- $C_1 + C_2$： 経路 C_1 の終点と経路 C_2 の始点が等しいとき，C_1 の始点から C_1 と C_2 を通って C_2 の終点までの経路
- $C = C_1 + C_2$ ならば，次式が成立する．

$$\int_C x(z)dz = \int_{C_1} x(z)dz + \int_{C_2} x(z)dz \tag{4.64}$$

- $-C$： 経路 C を反対に進む経路

$$\int_{-C} x(z)dz = -\int_C x(z)dz \tag{4.65}$$

- $C = C_1 + C_2$ となる3つの経路 C, C_1, C_2 において，C_2 が閉路であり，積分する関数が C_2 上と C_2 の内部が正則である場合，C に沿った積分値と C_1 に沿った積分値は等しい．

$z_1(t)$ と $z_2(t)$ $(0 \le t \le 1)$ が，経路 C_1 と C_2 を表しているとする．C_1 の終点と C_2 の始点が一致しているので，$z_1(1) = z_2(0)$ が成立している．このとき，連結した経路 $C = C_1 + C_2$ を表す $z(t)$ は，

$$z(t) = \begin{cases} z_1(2t) & (0 \le t < \frac{1}{2}) \\ z_2(2t-1) & (\frac{1}{2} \le t \le 1) \end{cases} \tag{4.66}$$

によって実現できる．また，反対に進む経路は，$z(1-t)$ によって実現できる．

図 4.3 のような 7 つの経路を考える．この図で C_4 と C_5 は同じ場所を反対の向きで通っている．$C = C_3 + C_6$, $C_1 = C_3 + C_4$, $C_2 = C_5 + C_6$, $C_4 = -C_5$ が成立している．したがって，

$$\int_C x(z)dz = \int_{C_3} x(z)dz + \int_{C_6} x(z)dz = \int_{C_3} x(z)dz + \int_{C_4} x(z)dz + \int_{C_5} x(z)dz + \int_{C_6} x(z)dz$$
$$= \int_{C_1} x(z)dz + \int_{C_2} x(z)dz \tag{4.67}$$

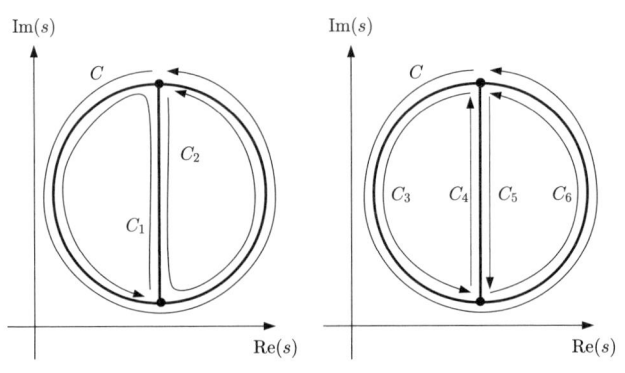

図 4.3 積分経路の変更 1

図 4.4　積分経路の変更 2

図 4.5　積分経路の変更 3

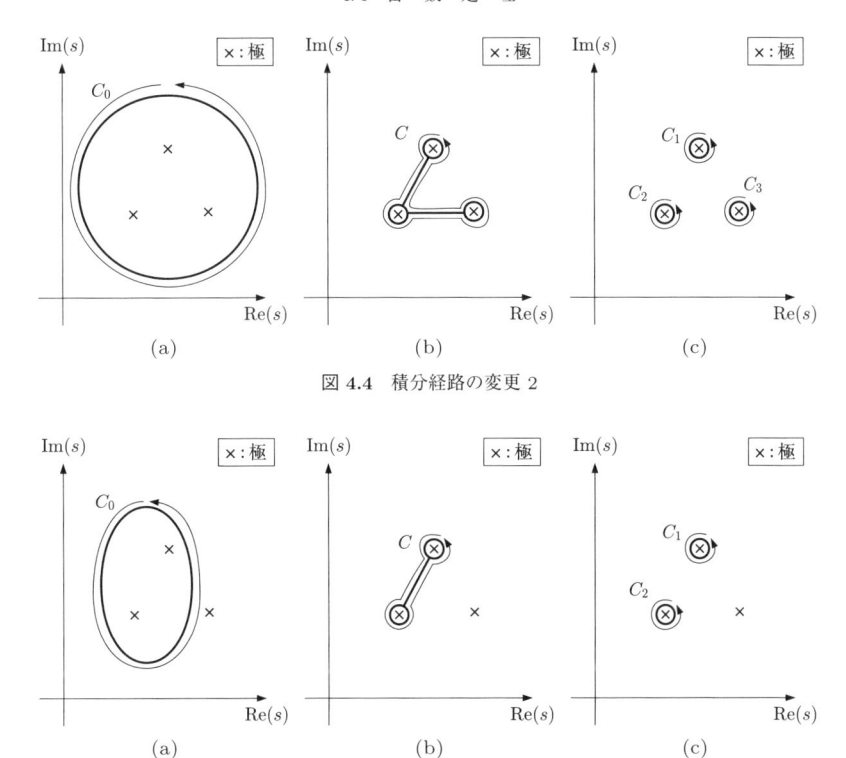

が成立する．閉路の積分は 2 つの閉路に分けることができる．ここで，閉路 C_2 の中の領域で $x(z)$ が正則ならば，$\int_{C_2} x(z)dz = 0$ となるので，

$$\int_C x(z)dz = \int_{C_1} x(z)dz \tag{4.68}$$

が成立する．したがって，経路を C から C_1 に変更しても積分値は変わらない．

　図 4.4 は，正則でない点が 3 点だけ存在する場合である．この場合，図 4.4 (a), (b), (c) の経路を通る積分値はすべて等しい．すなわち，

$$\int_{C_0} x(z)dz = \int_C x(z)dz = \int_{C_1} x(z)dz + \int_{C_2} x(z)dz + \int_{C_3} x(z)dz \tag{4.69}$$

が成立する．(b) と (c) が等しくなる理由は，同じ場所を通り，向きだけ反対の経路による積分値が打ち消しあうためである．

　同様に図 4.5 (a), (b), (c) の経路を通る積分値はすべて等しい．

$$\int_{C_0} x(z)dz = \int_C x(z)dz = \int_{C_1} x(z)dz + \int_{C_2} x(z)dz \tag{4.70}$$

図 4.5 の場合，正則でない点が経路の外側に存在するが，経路を変更している領域には正則でない点がないため，積分値が変わらない．

ローラン展開

- **1価関数**： 関数 $x(z)$ において，z が決まれば $x(z)$ の値が決まるもの (通常の関数は 1 価である).
- **テーラー展開 (Taylor expansion)**： $z = a$ で複素関数 $x(z)$ が 1 価で正則ならば，$z = a$ の近傍 (a に十分に近い場所) で，次式が成立する.

$$x(z) = \sum_{n=0}^{\infty} \left.\frac{d^n x}{dz^n}\right|_{z=a} (z-a)^n \tag{4.71}$$

- **ローラン展開 (Laurent expansion)**： 複素関数 $x(z)$ が 1 価で，$z = a$ が孤立特異点 (その近傍において $z = a$ だけを除いた領域で正則) ならば，$z = a$ の近傍で，定数 b_n が存在して，次式が成立する.

$$x(z) = \sum_{n=-\infty}^{\infty} b_n (z-a)^n \tag{4.72}$$

本来は関数は入力が決まれば出力が決まるという意味で 1 価であるべきである. しかしながらたとえば，$\log z$ を，$e^{\log z} = z$ を満たすものとして定義すると，

$$e^{\log z + 2\pi i} = z \tag{4.73}$$

であるから，$\log z$ の値は $2\pi i$ の整数倍だけ不定になる. このように，$\log z$ は 1 価ではない. ただ，$\log z$ の不定性は $2\pi i$ の整数倍だけで，ある点でその中の 1 つを選び，その点の近傍では連続的な変化で与えられる値を使えば，入力から関数値を定めることができる. そのように関数値を定めれば，$\log z$ は $z \neq 0$ では正則であり，非常に有用である. そのため，複素関数論では，このような関数を「多価」関数として利用する.

テーラー展開は，正則関数に対して可能である. $\left.\frac{d^n x}{dz^n}\right|_{z=a}$ は，z を変数として実数の関数のように n 回微分したあとで，z に a を代入したものである.

極の場合は発散項を含むので，負のべきを考えたローラン展開することが必要である. b_n の求め方については，次に b_{-1} に関してだけ説明する.

$x(z)$ が $z = a$ で位数 k の極を持つならば，$z = a$ におけるローラン展開を

$$x(z) = \sum_{n=-k}^{\infty} b_n (z-a)^n \tag{4.74}$$

と，負のべき乗は $-k$ 乗までの有限項で打ち切ることができる.

留数定理

- $x(z)$ が $z = a$ において位数 k の極を持つとき，$x(z)$ の $z = a$ における留数 R を次のように定義する.

$$R = \lim_{z \to a} \frac{1}{(k-1)!} \frac{d^{k-1}}{dz^{k-1}} \left\{(z-a)^k z(z)\right\} \tag{4.75}$$

● 留数定理 (residue theorem)： 閉路 C の内側において，$x(z)$ は m 個の極を持ち，それ以外では正則であるものとする．そして，それぞれの極の留数を $R_1, R_2, \ldots, R_m$ とすれば，次式が成立する．

$$\int_C x(z)dz = 2\pi i \sum_{j=1}^{m} R_j \tag{4.76}$$

留数定理を証明する準備のために，$s = a$ を中心とした半径 ρ の円上を右回りでまわる経路 C_0 に対する

$$\frac{1}{(z-a)^r} \tag{4.77}$$

の積分を考える．経路上の点は，$z(t) = \rho e^{2\pi i t} + a$ と表すことができる．$dz = 2\pi i \rho e^{2\pi i t} dt$ より，次式が成立する．

$$\begin{aligned}
\int_C \frac{1}{(z-a)^r} dz &= \int_0^1 \frac{1}{(\rho e^{2\pi i t})^r} 2\pi i \rho e^{2\pi i t} dt = 2\pi i \int_0^1 e^{2\pi i (r-1)t} dt \\
&= \begin{cases} 2\pi i [1]_0^1 = 2\pi i & (r=1) \\ \frac{1}{r-1}[e^{2\pi i (r-1)t}]_0^1 = 0 & (\text{else}) \end{cases}
\end{aligned} \tag{4.78}$$

となる．すなわち，$r = 1$ の場合だけ値を持ち，他のべき乗では 0 になる．

$x(z)$ の極を，$a_1, a_2, \ldots, a_m$ とし，それぞれの位数を k_j とする．a_j だけをまわる閉路 C_j を考え，C_j の中では $x(z)$ は点 a_j 以外で正則であるものとする．このとき，式 (4.69) や式 (4.70) と同様に，

$$\int_C x(z)dz = \sum_{j=1}^{m} \int_{C_j} x(z)dz \tag{4.79}$$

が成立する．いま，式 (4.79) の和の中の項 $\int_{C_j} x(z)dz$ を考え，$x(z)$ を $z = a_j$ でローラン展開すると，位数が k_j であるから，

$$x(z) = \sum_{n=-k_j}^{\infty} b_{j,n}(z - a_j)^n \tag{4.80}$$

と書くことができる．経路 C_j を半径が十分小さい円周上の経路とすることができるから，式 (4.78) より $x(z)$ を C_j に沿って積分した値は $2\pi i b_{j,-1}$ となる．したがって，式 (4.79) は，

$$\int_C x(z)dz = 2\pi i \sum_{j=1}^{m} b_{j,-1} \tag{4.81}$$

となる．ことばで書けば，積分値は，各極に対する $(z - a_j)^{-1}$ の項の係数の和に，$2\pi i$ をかけたものになる．

次に微分によって $b_{j,-1}$ の求める方法を考える．$x(z)$ に $(z-a)^{k_j}$ をかけた関数 $\phi_j(z)$ は，

$$\phi_j(z) = (z - a_j)^{k_j} x(z) \tag{4.82}$$

となる．a_j は除去可能な特異点になるから，$\phi_j(a_j)$ を適切に定めれば，$\phi_j(z)$ は $z = a_j$ で正

則となる．したがって，$z = a_j$ でテーラー展開して次式を得る．

$$\phi_j(z) = \sum_{n=0}^{\infty} \frac{1}{n!} \left.\frac{d^n \phi}{dz^n}\right|_{z=a_j} (z - a_j)^n \tag{4.83}$$

また，式 (4.80) より，次式が成立する．

$$\phi_j(z) = (z - a_j)^{k_j} x(z) = \sum_{n=0}^{\infty} b_{j,(n-k_j)} (z - a_j)^n \tag{4.84}$$

したがって，$b_{j,-1}$ は $\phi_j(z)$ をテーラー展開した $k_j - 1$ 次の係数になるから，次式が成立する．

$$b_{j,-1} = \frac{1}{(k_j - 1)!} \left.\frac{d^{k_j - 1} \phi}{dz^{k_j - 1}}\right|_{z=a_j} = \lim_{z \to a_j} \frac{1}{(k_j - 1)!} \frac{d^{k_j - 1}}{dz^{k_j - 1}} \left\{(z - a_j)^{k_j} x(z)\right\} = R_j \tag{4.85}$$

式 (4.85) より，$b_{j,-1} = R_j$ が成立する．したがって，式 (4.81) より，留数定理 (式 (4.76)) が成立する．

式 (4.85) の最後の式が極限になっているが，これは，$\phi_j(a_j)$ を $\lim_{z \to a_j} \phi_j(z)$ として与えれば，$\phi_j(z)$ が $z = a_j$ で正則になるため (除去可能な特異点)，$z = a_j$ における微分値を，z における微分値の $z \to a_j$ の極限値として与えることができるからである．ラプラス変換で使うような式では，$x(z)$ は $z = a_j$ で正則な関数 $y(z)$ とともに，

$$x(z) = \frac{y(z)}{(z - a_j)^{k_j}} \tag{4.86}$$

のような形になっている．したがって，留数はこの $y(z)$ を使って以下のように求めれば良い．

$$R_j = \frac{1}{(k_j - 1)!} \left.\frac{d^{k_j - 1} y}{dz^{k_j - 1}}\right|_{z=a_j} \tag{4.87}$$

4.5 ラプラス逆変換の計算法

逆ラプラス変換を計算する方針
- 部分分数展開などを使って，ラプラス変換が分かっている関数に分解する．
- 留数定理を用いて，逆ラプラス変換の式 (4.3) を計算する．

ラプラス変換を使えば，線形システムの微分方程式を解くことができる．このときに得られる解はまずラプラス変換した形で得られる．それを，逆ラプラス変換によって時間関数に変換する必要がある．逆ラプラス変換を行う 2 種類の方法を紹介する．

4.5.1 部分分数展開による逆ラプラス変換

部分分数展開による逆ラプラス変換

4.5 ラプラス逆変換の計算法

● $n_1, n_2, \ldots, n_N$ を正の整数として,次の有理多項式を考える.

$$F(z) = \frac{G(z)}{(z-a_1)^{n_1}(z-a_2)^{n_2}\cdots(z-a_N)^{n_N}} \tag{4.88}$$

この分子 $G(z)$ の次数は,分母の次数 $m = n_1 + n_2 \cdots + n_N$ 未満であるとすれば,複素数 $b_1^{(1)}, b_2^{(1)}, \ldots, b_{n_1}^{(1)}, b_1^{(2)}, b_2^{(2)}, \ldots, b_{n_2}^{(2)}, \ldots, b_1^{(N)}, b_2^{(N)}, \ldots, b_{n_N}^{(N)}$ を使って,以下のように展開することができる.

$$F(z) = \frac{b_1^{(1)}}{z-a_1} + \frac{b_2^{(1)}}{(z-a_1)^2} + \cdots \frac{b_{n_1}^{(1)}}{(z-a_1)^{n_1}}$$
$$+ \frac{b_1^{(2)}}{z-a_2} + \frac{b_2^{(2)}}{(z-a_2)^2} + \cdots \frac{b_{n_2}^{(2)}}{(z-a_2)^{n_2}}$$
$$+ \cdots + \frac{b_1^{(N)}}{z-a_N} + \frac{b_2^{(N)}}{(z-a_N)^2} + \cdots \frac{b_{n_N}^{(N)}}{(z-a_N)^{n_N}} \tag{4.89}$$

$G(z)$ が m 以上の多項式の場合は,$G(z)$ を分母 $(z-a_1)^{n_1}(z-a_2)^{n_2}\cdots(z-a_N)^{n_N}$ で割った商を $Q(z)$,余りを $R(z)$ とすれば,

$$F(z) = Q(z) + \frac{R(z)}{(z-a_1)^{n_1}(z-a_2)^{n_2}\cdots(z-a_N)^{n_N}} \tag{4.90}$$

となり,$R(z)$ の次数は m 未満であるため,式 (4.89) の場合に帰着できる.ただ,ラプラス変換では $F(s) = 1$ がデルタ関数,$F(s) = s$ はデルタ関数を微分したものであるため,通常は $Q(z)$ の項が必要になることはない.

ここで,例を示す.

$$X_1(s) = \frac{2s+5}{(s+1)(s+2)} \tag{4.91}$$

$$X_2(s) = \frac{s^2+2s+2}{(s+1)^2(s+2)} \tag{4.92}$$

$$X_3(s) = \frac{2s^3+9s^2+16s+13}{(s+1)^2(s+2)(s+3)} \tag{4.93}$$

$$X_4(s) = \frac{2s^4+8s^3+9s^2-3s-8}{(s+1)^3(s+2)^2} \tag{4.94}$$

を考える.それぞれ,

$$\frac{2s+5}{(s+1)(s+2)} = \frac{a}{s+1} + \frac{b}{s+2} \tag{4.95}$$

$$\frac{s^2+2s+2}{(s+1)^2(s+2)} = \frac{a}{(s+1)^2} + \frac{b}{s+1} + \frac{c}{s+2} \tag{4.96}$$

$$\frac{2s^3+9s^2+16s+13}{(s+1)^2(s+2)(s+3)} = \frac{a}{(s+1)^2} + \frac{b}{s+1} + \frac{c}{s+2} + \frac{d}{s+3} \tag{4.97}$$

$$\frac{2s^4+8s^3+9s^2-3s-8}{(s+1)^3(s+2)^2} = \frac{a}{(s+1)^3} + \frac{b}{(s+1)^2} + \frac{c}{s+1} + \frac{d}{(s+2)^2} + \frac{e}{s+2} \tag{4.98}$$

という形で展開できる.左辺を 1 つの分数にまとめると,

$$\frac{2s+5}{(s+1)(s+2)} = \frac{(a+b)s+(2a+b)}{(s+1)(s+2)} \tag{4.99}$$

$$\frac{s^2+2s+2}{(s+1)^2(s+2)} = \frac{(b+c)s^2+(a+3b+2c)s+(2a+2b+c)}{(s+1)^2(s+2)} \tag{4.100}$$

$$\frac{2s^3+9s^2+16s+13}{(s+1)^2(s+2)(s+3)} = \frac{1}{(s+1)^2(s+2)(s+3)}\Big[(b+c+d)s^3+(a+6b+5c+4d)s^2$$
$$+(6a+11b+7c+5d)s+(6a+6b+3c+2d)\Big] \tag{4.101}$$

$$\frac{2s^4+8s^3+9s^2-3s-8}{(s+1)^3(s+2)^2} = \frac{1}{(s+1)^3(s+2)^2}\Big[(c+d)s^4+(b+6c+d+5e)s^3$$
$$+(a+5b+13c+3d+9e)s^2+(4a+8b+12c+3d+7e)s$$
$$+(4a+4b+4c+d+2e)\Big] \tag{4.102}$$

となる．したがって，それぞれの場合で次の連立方程式を得る．

$$\begin{cases} a+b = 2 \\ 2a+b = 5 \end{cases} \tag{4.103}$$

$$\begin{cases} b+c = 1 \\ a+3b+2c = 2 \\ 2a+2b+c = 2 \end{cases} \tag{4.104}$$

$$\begin{cases} b+c+d = 2 \\ a+6b+5c+4d = 9 \\ 6a+11b+7c+5d = 16 \\ 6a+6b+3c+2d = 13 \end{cases} \tag{4.105}$$

$$\begin{cases} c+d = 2 \\ b+6c+d+5e = 8 \\ a+5b+13c+3d+9e = 9 \\ 4a+8b+12c+3d+7e = -3 \\ 4a+4b+4c+d+2e = -8 \end{cases} \tag{4.106}$$

これを解いて係数を求めれば，次のような部分分数展開が可能である．

$$\frac{2s+5}{(s+1)(s+2)} = \frac{3}{s+1} - \frac{1}{s+2} \tag{4.107}$$

$$\frac{s^2+2s+2}{(s+1)^2(s+2)} = \frac{1}{(s+1)^2} - \frac{1}{s+1} + \frac{2}{s+2} \tag{4.108}$$

$$\frac{2s^3+9s^2+16s+13}{(s+1)^2(s+2)(s+3)} = \frac{2}{(s+1)^2} - \frac{1}{s+1} + \frac{1}{s+2} + \frac{2}{s+3} \tag{4.109}$$

$$\frac{2s^4+8s^3+9s^2-3s-8}{(s+1)^3(s+2)^2} = -\frac{2}{(s+1)^3} - \frac{1}{(s+1)^2} + \frac{1}{s+1} - \frac{2}{(s+2)^2} + \frac{1}{s+2} \tag{4.110}$$

いま，それぞれの項のラプラス逆変換に対して，

$$\mathcal{L}^{-1}\left[\frac{1}{s+\alpha}\right] = e^{\alpha t}, \quad \mathcal{L}^{-1}\left[\frac{1}{(s+\alpha)^2}\right] = te^{\alpha t}, \quad \mathcal{L}^{-1}\left[\frac{1}{(s+\alpha)^3}\right] = \frac{1}{2}t^2 e^{\alpha t} \tag{4.111}$$

が成立するから，式 (4.91)，(4.92)，(4.93)，(4.94) の逆ラプラス変換は，それぞれ次式で与えられる．

$$\mathcal{L}^{-1}[X_1(s)] = 3e^{-t} - 3e^{-2t} \tag{4.112}$$

$$\mathcal{L}^{-1}[X_2(s)] = te^{-t} - e^{-t} + e^{-2t} \tag{4.113}$$

$$\mathcal{L}^{-1}[X_3(s)] = 2te^{-t} - e^{-t} + e^{-2t} + 2e^{-3t} \tag{4.114}$$

$$\mathcal{L}^{-1}[X_4(s)] = -t^2 e^{-t} - te^{-t} + e^{-t} - 2te^{-2t} + e^{-2t} \tag{4.115}$$

部分分数展開 (分母が 2 次以上の多項式因数を含む場合)

● 分母が 2 次以上の多項式を因数として含む場合も，複素数の根 a_i を使えば，すべて 1 次式のべき乗の形となるため，式 (4.89) で展開できる．

● ただし，分母の次数が高いまま展開した方が簡単な場合がある．このとき，分母の因数が m 次の多項式の場合，分子を $m-1$ 次の多項式として展開することができる．

● $D(z)$ が m 次多項式で，$G(z)$ が mn 未満の次数の多項式ならば，次式のように展開すれば良い．

$$\frac{G(z)}{D(z)^n} = \frac{b_{1,m-1}z^{m-1} + b_{1,m-2}z^{m-2} + \cdots + b_{1,1}z + b_{1,0}}{D(z)}$$
$$+ \frac{b_{2,m-1}z^{m-1} + b_{2,m-2}z^{m-2} + \cdots + b_{2,1}z + b_{2,0}}{D(z)^2}$$
$$+ \cdots + \frac{b_{n,m-1}z^{m-1} + b_{n,m-2}z^{m-2} + \cdots + b_{n,1}z + b_{n,0}}{D(z)^n} \tag{4.116}$$

三角関数をラプラス変換すると，分母が 2 次多項式になる．したがって，因数として 2 次多項式を含むならば，2 次多項式で展開した方が容易になる．例として次式が成立する．

$$\mathcal{L}^{-1}\left[\frac{3s^2 + 7s + 2}{(s^2 + 2s + 5)(s + 3)}\right] = 2e^{-t}t\cos 2t - \frac{3}{2}e^{-t}\sin 2t + e^{-3t} \tag{4.117}$$

この式を示す．まず，

$$\frac{3s^2 + 7s + 2}{(s^2 + 2s + 5)(s + 3)} = \frac{as + b}{s^2 + 2s + 5} + \frac{c}{s + 3} \tag{4.118}$$

という形に展開できる．左辺をまとめれば，

$$\frac{3s^2 + 7s + 2}{(s^2 + 2s + 5)(s + 3)} = \frac{(as + b)(s + 3) + c(s^2 + 2s + 5)}{(s^2 + 2s + 5)(s + 3)}$$
$$= \frac{(a + c)s^2 + (3a + b + 2c)s + (3b + 5c)}{(s^2 + 2s + 5)(s + 3)}$$

となる．したがって，次の連立方程式が得られる．

$$\begin{cases} a + c = 3 \\ 3a + b + 2c = 7 \\ 3b + 5c = 2 \end{cases} \tag{4.119}$$

これを解くと，$a=2, b=-1, c=1$ となり，

$$\frac{3s^2+7s+2}{(s^2+2s+5)(s+3)} = \frac{2s-1}{s^2+2s+5} + \frac{1}{s+3} \tag{4.120}$$

となる．第 1 項は，

$$\frac{2(s+1)}{(s+1)^2+2^2} - \frac{3}{2}\frac{2}{(s+1)^2+2^2} \tag{4.121}$$

となる．この中で，左辺第 1 項の逆ラプラス変換を考える．式 (4.46) より，

$$\mathcal{L}^{-1}\left[\frac{s}{s^2+2^2}\right] = \cos 2t$$

が成立する．上式の s に $s+1$ を代入した式に対しては，式 (4.26) より，

$$\mathcal{L}^{-1}\left[\frac{s+1}{(s+1)^2+2^2}\right] = e^{-t}\cos 2t$$

が成立する．したがって，式 (4.117) が証明できる．

4.5.2　留数定理による逆ラプラス変換

留数定理による逆ラプラス変換

● 変換関数 $X(s)$ は，ある実数 σ_0 が存在して，$Re(s) \leq \sigma_0$ で決まる半平面 ($Re(s) = \sigma_0$ より左側の半平面) において $|s| \to \infty$ とするとき，$X(s) \to 0$ となるものとする．

● このとき，$X(s)$ の逆ラプラス変換は，留数を使って次式で与えられる．

$$\mathcal{L}^{-1}[X(s)] = (X(s)e^{st} \text{ の } Re(s) \leq \sigma_0 \text{ で決まる半平面におけるの留数の総和}) \tag{4.122}$$

式 (4.122) は，厳密には $t>0$ のときに成立する．$t=0$ などの時間に関して 1 点における値は，基本的には意味がない．1 点における値を変えても，積分値に影響しないからである．また，一般にラプラス変換では，$t>0$ から 0 に近づけた極限を $t=0$ の値として用いる．したがって，$t>0$ において逆ラプラス変換できれば問題がない．蛇足になるが，ラプラス変換では $t<0$ で関数値は 0 とするので，$t<0$ から 0 に近づけた関数値の極限はすべて 0 になる．

ラプラス逆変換を計算する複素積分が，式 (4.3) で与えられるので，これが式 (4.122) の右辺と一致することを示せば良い．そのために次の補助定理を示す (補助定理の証明は省略する)．

ジョルダンの補助定理

図 4.6 (a) の半円形の経路 C_R 上で連続な関数 $F(z)$ が，$a>0$ に対して，

$$F(z) = e^{iaz}G(z) \tag{4.123}$$

と表されるものとする．このとき，次式が成立する．

4.5 ラプラス逆変換の計算法

$$\left|\int_{C_R} F(z)dz\right| \leq \frac{\pi}{a} \max_{0\leq\theta\leq\pi} \left|G(Re^{i\theta})\right| \tag{4.124}$$

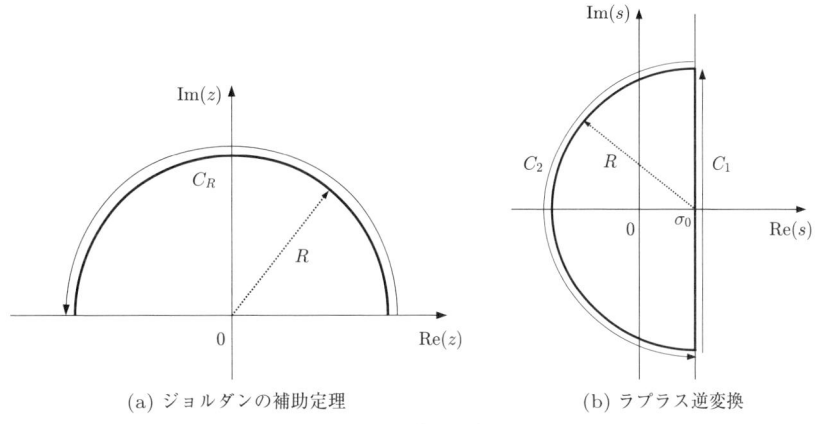

(a) ジョルダンの補助定理

(b) ラプラス逆変換

図 4.6 積分経路

逆ラプラス変換の積分を考えるために，図 4.6 (b) の半円を 1 周する経路 $C_1 + C_2$ の積分を，それぞれの経路の積分に分ければ，

$$\int_{C_1+C_2} F(s)e^{st}ds = \int_{C_1} F(s)e^{st}ds + \int_{C_2} F(s)e^{st}ds \tag{4.125}$$

が成立する．まず，第 2 項の積分を考える．変数変換 $z = -i(s - \sigma_0)$ を考える．$ds = idz$ が成立する．また，複素平面では変数に $-i$ をかけることは，時計回りに $\pi/2$ 回転 (反時計回りに $-\pi/2$ 回転) することと等しい．したがって，z は s を実軸方向負向に σ_0 平行移動して，時計回りに $\pi/2$ 回転することと等しい．この場合，積分の経路 C_2 は 0 を中心とした半円の弧 C_R に変換されるため，次式が成立する．

$$\int_{C_2} X(s)e^{st}ds = \int_{C_R} e^{itz} iX(iz+\sigma_0)e^{\sigma_0 t}dz \tag{4.126}$$

$G(z) = iX(iz+\sigma_0)e^{\sigma_0 t}$ として，ジョルダンの補助定理を使えば，

$$\left|\int_{C_2} X(s)e^{st}ds\right| \leq \frac{\pi}{t} \max_{0\leq\theta\leq\pi} \left|iX(iRe^{i\theta}+\sigma_0)e^{\sigma_0 t}\right| \tag{4.127}$$

が成立する．$iRe^{i\theta} + \sigma_0$ は，$Re(s) \leq \sigma_0$ で決まる半平面に含まれるため，$X(s)$ の条件から，

$$\lim_{R\to\infty} \left|iX(iRe^{i\theta})e^{\sigma_0 t}\right| = 0 \tag{4.128}$$

が成立し，$t > 0$ のとき，

$$\lim_{R\to\infty} \left|\int_{C_2} X(s)e^{st}ds\right| = 0 \tag{4.129}$$

が証明できる．したがって，

$$\mathcal{L}^{-1}[X(s)] = \int_{\sigma_0-i\infty}^{\sigma_0+i\infty} X(s)e^{st}ds = \lim_{R\to\infty}\int_{C_1} X(s)e^{st}ds = \lim_{R\to\infty}\int_{C_1+C_2} F(s)e^{st}ds \tag{4.130}$$

が成立する．$R \to \infty$ では，$C_1 + C_2$ の内部は $Re(s) \leq \sigma_0$ で決まる半平面であるため，式 (4.76) より式 (4.122) が証明される．

例として，式 (4.91)～(4.94) の逆ラプラス変換を実行する．

$X_1(s)$ は，$s = -1$ と $s = -2$ に位数 1 の極を持つだけであるから，次式が成立する．

$$\mathcal{L}^{-1}[X_1(s)] = \lim_{s \to -1}(s+1)X_1(s)e^{st} + \lim_{s \to -2}(s+2)X_1(x)e^{st}$$
$$= \frac{-2+5}{-1+2}e^{-t} + \frac{-4+5}{1-2}e^{-2t} = 3e^{-t} - e^{-2t}$$

$X_2(s)$ は，$s = -1$ に位数 2 の，$s = -2$ に位数 1 の極を持つだけであり，

$$\frac{s^2 + 2s + 2}{s+2} = s + \frac{2}{s+2}$$

となるから，次式が成立する．

$$\mathcal{L}^{-1}[X_2(s)] = \lim_{s \to -1} \frac{d}{ds}(s+1)^2 X_2(s)e^{st} + \lim_{s \to -2}(s+2)X_2(x)e^{st}$$
$$= \lim_{s \to -1} \frac{d}{ds}\left[\left(s + \frac{2}{s+2}\right)e^{st}\right] + \frac{(-2)^2 + 2(-2) + 2}{(-2+1)^2}e^{-2t}$$
$$= \lim_{s \to -1}\left[\left(1 - \frac{2}{(s+2)^2}\right)e^{st} + \left(s + \frac{2}{s+2}\right)te^{st}\right] + 2e^{-2t}$$
$$= \left(1 - \frac{2}{(-1+2)^2}\right)e^{-t} + \left(-1 + \frac{2}{-1+2}\right)te^{-t} + 2e^{-2t}$$
$$= te^{-t} - e^{-t} + 2e^{-2t}$$

$X_3(s)$ は，$s = -1$ に位数 2 の，$s = -2$ と $s = -3$ に位数 1 の極を持つだけであり，

$$\frac{2s^3 + 9s^2 + 16s + 13}{(s+2)(s+3)} = 2s + 1 + \frac{s+7}{(s+2)(s+3)}$$

となるから，次式が成立する．

$\mathcal{L}^{-1}[X_3(x)]$
$$= \lim_{s \to -1} \frac{d}{ds}(s+1)^2 X_3(s)e^{st} + \lim_{s \to -2}(s+2)X(x)e^{st} + \lim_{s \to -3}(s+3)X(x)e^{st}$$
$$= \lim_{s \to -1} \frac{d}{ds}\left[\left(2s + 1 + \frac{s+7}{(s+2)(s+3)}\right)e^{st}\right]$$
$$\quad + \frac{2(-2)^3 + 9(-2)^2 + 16(-2) + 13}{(-2+1)^2(-2+3)}e^{-2t} + \frac{2(-3)^3 + 9(-3)^2 + 16(-3) + 13}{(-3+1)^2(-3+2)}e^{-3t}$$
$$= \lim_{s \to -1}\left[\left(2 + \frac{(s+2)(s+3) - (s+7)(2s+5)}{(s+2)^2(s+3)^2}\right)e^{st} + \left(2s + 1 + \frac{s+7}{(s+2)(s+3)}\right)te^{st}\right]$$
$$\quad + e^{-2t} + 2e^{-3t}$$
$$= \left(2 + \frac{(-1+2)(-1+3) - (-1+7)(-2+5)}{(-1+2)^2(-1+3)^2}\right)e^{-t} + \left(-2 + 1 + \frac{-1+7}{(-1+2)(-1+3)}\right)te^{-t}$$
$$\quad + e^{-2t} + 2e^{-3t}$$
$$= 2te^{-t} - e^{-t} + e^{-2t} + 2e^{-3t}$$

$X_4(s)$ は，$s = -1$ に位数 3 の，$s = -2$ に位数 2 の極を持つだけであり，

$$\frac{2s^4+8s^3+9s^2-3s-8}{(s+1)^3} = 2s+2+\frac{-3s^2-11s-10}{(s+1)^3}$$

$$\frac{2s^4+8s^3+9s^2-3s-8}{(s+2)^2} = 2s^2+1+\frac{-7s-12}{(s+2)^2}$$

となるから，次式が成立する．

$\mathcal{L}^{-1}[X_4(x)]$

$= \dfrac{1}{2!}\lim_{s\to-1}\dfrac{d^2}{ds^2}(s+1)^3 X_4(s)e^{st} + \lim_{s\to-2}\dfrac{d}{ds}(s+2)^2 X_4(x)e^{st}$

$= \dfrac{1}{2}\lim_{s\to-1}\dfrac{d^2}{ds^2}\left[\left(2s^2+1+\dfrac{-7s-12}{(s+2)^2}\right)e^{st}\right] + \lim_{s\to-2}\dfrac{d}{ds}\left[\left(2s+2+\dfrac{-3s^2-11s-10}{(s+1)^3}\right)e^{st}\right]$

$= \dfrac{1}{2}\lim_{s\to-1}\left[\left(4+\dfrac{-14s-16}{(s+2)^4}\right)e^{st} + 2\left(4s+\dfrac{7s+10}{(s+2)^3}\right)te^{st} + \left(2s^2+1+\dfrac{-7s-12}{(s+2)^2}\right)t^2 e^{st}\right]$

$\quad + \lim_{s\to-2}\left[\left(2+\dfrac{(-6s-11)(s+1)-3(-3s^2-11s-10)}{(s+1)^4}\right)e^{st}\right.$

$\qquad\left. + \left(2s+2+\dfrac{-3s^2-11s-10}{(s+1)^3}\right)te^{st}\right]$

$= \dfrac{1}{2}\left[\left(4+\dfrac{14-16}{(-1+2)^4}\right)e^{-t} + 2\left(-4+\dfrac{-7+10}{(-1+2)^3}\right)te^{-t} + \left(2(-1)^2+1+\dfrac{7-12}{(-1+2)^2}\right)t^2 e^{-t}\right]$

$\quad + \left[\left(2+\dfrac{(-6(-2)-11)(-2+1)-3(-3(-2)^2-11(-2)-10)}{(-2+1)^4}\right)e^{-2t}\right.$

$\qquad\left. + \left(2(-2)+2+\dfrac{-3(-2)^2-11(-2)-10}{(-2+1)^3}\right)te^{-2t}\right]$

$= -2t^2 e^{-t} - te^{-t} + e^{-t} - 2te^{-2} + e^{-2}$

このように，部分分数展開を用いたときと同じ値が得られる．

　時間で平行移動した関数のように，$b>0$ に対して $X(s) = e^{-bs}Y(s)$ のような形をしている場合，$Re(s) \to -\infty$ で e^{-bs} が発散してしまう．したがって，σ_0 をどう選んでも $X(s)$ が $Re(s) \le \sigma_0$ で決まる半平面において，$|s| \to \infty$ で $X(s) \to 0$ とならないため，いま述べた留数定理を使う方法で直接逆ラプラス変換することができない．ただ，逆ラプラス変換の積分では，e^{st} をかけるため，$X(s)e^{st} = Y(s)e^{s(t-b)}$ となり，$t>b$ ならば，$Re(s) \to -\infty$ で $Y(s)e^{s(t-b)}$ は収束するため，いま述べた留数定理を使う方法で逆ラプラス変換を求めることができる．

　$t<b$ のときを考える．この $X(s)$ は，$Re(s) \ge \sigma_0$ で決まる半平面 ($Re(s) = \sigma_0$ より右側の半平面) において，$|s| \to \infty$ で $X(s) \to 0$ とすることができる．同様な計算によって，$t<b$ のときは，

$$\mathcal{L}^{-1}[X(s)] = (X(s)e^{st} \text{ の } Re(s) \ge \sigma_0 \text{ で決まる半平面におけるの留数の総和})$$

が証明できるので，留数定理によって逆ラプラス変換することが可能である．ただし，上の例のような平行移動の場合，$Re(s) \ge \sigma_0$ には極が存在しないため，$t<b$ での逆ラプラス変換の値は 0 になる．これはラプラス変換の条件式 (4.1) を平行移動したものであるので当然の結果である．

問題

[**4.1**]　次の関数をラプラス変換せよ．

(a) e^t　　(b) $\sin 2t$　　(c) $\cos 3t$　　(d) $4t$　　(e) te^{2t}

(f) $t^2 e^{3t}$　　(g) $t\cos 3t$　　(h) $e^{-3t}\sin 2t$

[**4.2**]　次の関数を，部分分数展開および留数定理を使って逆ラプラス変換せよ．

$$\frac{-s^2 - 5s + 20}{(s^2+4)(s+3)^2}$$

5 連続時間線形システム

本章からいよいよ線形システムの内容に関して述べる．モデルとしての線形システムの定義のあと，応用例，解の求め方，そして線形システムの性質について説明する．これまで学んだ正弦波，フーリエ変換，ラプラス変換，インパルス応答の内容をしっかり理解していれば，本章は簡単に理解できると思う．実際に役立つ内容であるので，しっかりと理解することが重要である．

5.1 連続時間線形システムの基本

> **M 入力 K 出力 N 次線形システムの状態微分方程式・出力方程式**
>
> - $u(t)$： 入力 (M 次元ベクトルの時間関数)
> - $x(t)$： 状態変数 (N 次元ベクトルの時間関数)
> - $y(t)$： 出力 (K 次元ベクトルの時間関数)
> - A： (N, N) 行列
> - B： (N, M) 行列
> - C： (K, N) 行列
> - D： (K, M) 行列
> - 状態微分方程式：
> $$\frac{d}{dt}x(t) = Ax(t) + Bu(t) \tag{5.1}$$
> - 出力方程式：
> $$y(t) = Cx(t) + Du(t) \tag{5.2}$$
> - $x(t)$ の初期値 $x(0)$ は与えられているものとする．

u は外部からシステムへ加わる入力である．コイル，コンデンサ，抵抗からなる線形回路においては電源電圧を，バネや質点からなる物理系では外力などを表すことができる．入力が 1 次元の場合に $u(t)$ という式 (4.4) の単位ステップ関数と同じ記号を使うが，一般には入力が単

位ステップ関数であるというわけではないので注意して欲しい．

$\boldsymbol{x}$ は状態を表すベクトルである．線形回路の状態は，コイルの電流，コンデンサの電圧などで表すことができるので，それらの値を $\boldsymbol{x}$ で表す．物理系の状態は質点の位置や速度で表すことができる．状態変数 $\boldsymbol{x}(t)$ はそのような状態を表す値を集めたベクトルである．

$\boldsymbol{y}$ はシステム外部への出力である．回路では出力する端子間電圧や電流，物理系では観測したい位置を表す．

状態微分方程式 (5.1) は，状態変数の 1 階微分の値が，現在の状態変数の値と入力の値を線形変換したものになることを表す微分方程式である．そして，行列 $\boldsymbol{A}$, $\boldsymbol{B}$ が状態微分方程式の係数である．状態微分方程式と，状態変数の初期値 $\boldsymbol{x}(0)$ が与えられれば，任意の時刻 $t \geq 0$ の状態ベクトルの値を得ることができる．

出力方程式 (5.2) は，出力が現在の状態変数と入力の値を線形変換したもので決まることを示している．

次節では，複数階の時不変線形常微分方程式，線形回路，物理系が，連立 1 階常微分方程式である式 (5.1) および式 (5.2) に書き直すことができることを示す．

時不変線形システム

● 時不変線形システム： $\boldsymbol{A}$, $\boldsymbol{B}$, $\boldsymbol{C}$, $\boldsymbol{D}$ が時間に依存せず一定であるシステム

本書では，$\boldsymbol{A}$, $\boldsymbol{B}$, $\boldsymbol{C}$, $\boldsymbol{D}$ が時間によらず一定である時不変線形システムだけを扱う．

時間微分を文字の上にドットをつけて表す

● 時間の 1 階微分はドットを 1 つ付けて，2 階微分はドットを 2 つ付けて表す．
$$\dot{\boldsymbol{x}}(t) \equiv \frac{d}{dt}\boldsymbol{x}(t), \quad \ddot{\boldsymbol{x}}(t) \equiv \frac{d^2}{dt^2}\boldsymbol{x}(t) \tag{5.3}$$

● 状態微分方程式と出力方程式は次のように書くことができる．
$$\dot{\boldsymbol{x}}(t) = \boldsymbol{A}\boldsymbol{x}(t) + \boldsymbol{B}\boldsymbol{u}(t)$$
$$\boldsymbol{y}(t) = \boldsymbol{C}\boldsymbol{x}(t) + \boldsymbol{D}\boldsymbol{u}(t)$$

微分を d/dt で記すとスペースを使うため，文字の上のドットを使って時間微分を表す (微分の階数が高いとドットの数が増え面倒になるので，1 階または 2 階の微分でこの記号を用いる)．

ゼロ入力応答，ゼロ状態応答

● ゼロ入力応答： 入力が常にゼロである ($\boldsymbol{u}(t) = \boldsymbol{0}$) 場合の出力
● ゼロ状態応答： 初期値がゼロである ($\boldsymbol{x}(0) = \boldsymbol{0}$) 場合の出力

線形システムの出力は，初期値と入力に依存するが，線形システムは当然線形であるため，入力を 0 として初期値を与えた出力と，初期値を 0 として入力を与えた出力の和になる．

システムの始動時の挙動や過渡的な挙動を見るためには，入力を 0 として現在の状態からどのように推移するかを知る，すなわちゼロ入力応答が重要である．また，一般には長い時間が経過した後は，システムの出力はその初期値に依存しない．ゼロ状態応答は，そのような場合にシステムの入力に対する出力を記述するために重要である．

ここで定義した線形システムは状態変数に初期値が存在するために，入力に対して出力は線形ではない．たとえば，入力を 2 倍にしても出力が 2 倍になるとは限らない．初期値は直線 $y = ax + b$ における y 切片 b に相当する．このとき，ゼロ状態応答は入力に対して線形になる．第 2 章，第 3 章における線形システムの議論は，このゼロ状態応答に対するものである．そして，時間が十分経過すれば初期値の影響は無視できることが多いため，ゼロ状態応答の解析が重要であることが多い．

5.2 連続時間線形システムの例

5.2.1 線形常微分方程式

線形常微分方程式と線形システム

- N 階の時不変線形常微分方程式は，次のように書くことができる．

$$\frac{d^N x(t)}{dt^N} + a_{N-1}\frac{d^{N-1} x(t)}{dt^{N-1}} + \cdots + a_1 \frac{dx(t)}{dt} + a_0 x(t) = u(t) \tag{5.4}$$

ここで，$a_0, a_1, \ldots, a_{N-1}$ は定数であり，$u(t)$ は入力に相当する非斉次の項である．

- 次式は次の連立 1 階微分方程式に変換することができる．

$$\frac{dx_{N-1}(t)}{dt} = -a_{N-1}x_{N-1}(t) - a_{N-2}x_{N-2}(t) - \cdots - a_0 x_0(t) + u(t) \tag{5.5}$$

$$\frac{dx_{N-2}(t)}{dt} = x_{N-1}(t) \tag{5.6}$$

$$\vdots$$

$$\frac{dx_1(t)}{dt} = x_2(t) \tag{5.7}$$

$$\frac{dx_0(t)}{dt} = x_1(t) \tag{5.8}$$

ここで，$x_i(t)$ $(i = 0, 1, \ldots, N-1)$ は関数で，$x_0(t)$ が式 (5.4) の $x(t)$ と同じ解を与える．

式 (5.8) を微分すれば，式 (5.7) より，

$$x_2(t) = \frac{dx_1(t)}{dt} = \frac{d^2 x_0(t)}{dt^2} \tag{5.9}$$

が成立する．同様にして $i = 0, 1, \ldots, N-1$ に関して，

$$x_i(t) = \frac{d^i x_0(t)}{dt^i} \tag{5.10}$$

となる．これを式 (5.5) に代入すれば，$x_0(t)$ に対して式 (5.4) が得られる．

5.2.2 電気回路 (線形回路)

線形回路と線形システム

● 抵抗，コイル，コンデンサおよび線形増幅器からなる電気回路 (線形回路) は，状態変数をコイルの電流，コンデンサの電圧とし，入力を電圧源の電圧や電流源の電流とすれば，線形システムになる．

2.4 節で述べた線形回路の解析は，電源電圧などが正弦波である場合に関して解析した．ここでは，それらが一般の関数で与えられるとして各部の電圧，電流の時間変化を解析する．

具体例を示す．図 5.1 のように，電圧源，コンデンサ，コイル，抵抗が直列接続されている LCR 回路を考える．時刻 t において，コンデンサ，コイル，抵抗に流れる電流を $i_L(t)$, $i_C(t)$, $i_R(t)$, かかる電圧を $v_C(t)$, $v_L(t)$, $v_R(t)$ とすると，次の関係が成立する．

$$i_C(t) = C \frac{dv_C(t)}{dt} \tag{5.11}$$

$$v_L(t) = L \frac{di_L(t)}{dt} \tag{5.12}$$

$$v_R(t) = R\, i_R(t) \tag{5.13}$$

また，電圧源の電圧を入力 $u(t)$ とすれば，次式が成立する．

$$i_C(t) = i_L(t) = i_R(t)$$

$$v_L(t) + v_C(t) + v_R(t) = u(t)$$

線形回路を線形システムとするときは，コイルに流れる電流とコンデンサにかかる電圧を状態変数とする．したがって，状態変数を $x_1(t) = i_L(t)$, $x_2(t) = v_C(t)$ とする．その他の電圧

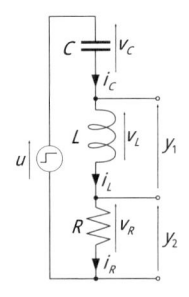

図 5.1 LCR 回路 (線形システムの例)

や電流は，入力となる電圧源の電圧と電流源の電流およびコイルに流れる電流とコンデンサにかかる電圧とその1階微分で表すことができる．それらの関係から状態微分方程式が得られる．いまの回路では，$i_C(t) = i_R(t) = x_1(t)$ であるから

$$L\frac{dx_1(t)}{dt} + v_C(t) + Rx_1(t) = u(t)$$
$$C\frac{dx_2(t)}{dt} = x_1(t)$$

が成立する．これを整理すると次の状態微分方程式が得られる．

$$\begin{pmatrix} \dot{x}_1(t) \\ \dot{x}_1(t) \end{pmatrix} = \begin{pmatrix} -\frac{R}{L} & -\frac{1}{L} \\ \frac{1}{C} & 0 \end{pmatrix} \begin{pmatrix} x_1(t) \\ x_2(t) \end{pmatrix} + \begin{pmatrix} \frac{1}{L} \\ 0 \end{pmatrix} u(t) \tag{5.14}$$

たとえば，$v_L(t)$, $v_R(t)$ を出力 $y_1(t)$, $y_2(t)$ とすれば，次の出力方程式が成立する．

$$\begin{pmatrix} y_1(t) \\ y_2(t) \end{pmatrix} = \begin{pmatrix} -R & -1 \\ R & 0 \end{pmatrix} \begin{pmatrix} x_1(t) \\ x_2(t) \end{pmatrix} + \begin{pmatrix} 1 \\ 0 \end{pmatrix} u(t) \tag{5.15}$$

出力方程式では微分を使うことができないため，$v_L(t)$ を与えるために，$v_L(t) = u(t) - v_C(t) - v_R(t) = u(t) - x_2(t) - Rx_1(t)$ という関係を使っていることに注意する．

以上のような手続きによって，どのような線形回路も線形システムの方程式で記述することができる．

5.2.3 質点の力学系

> **質点の力学系と線形システム**
>
> ● 質点，変位に比例した力を生み出す線形バネ，速度に比例した力を生み出す線形ダンパからなる力学系は，質点の変位と速度を状態変数，外力を入力と考えれば線形システムになる．

図5.2の例を使って説明する．質量 m_1, m_2 の台車1と台車2があり，台車1は $x = 0$ の壁と，バネ定数 k_1 のバネ1と減衰係数 α_1 のダンパ(ショックアブソーバ)1で並列に結合されていて，両台車はバネ定数 k_2 のバネ2と減衰係数 α_2 のダンパ2で並列に結合されている．それぞれの台車の位置を x_1 と x_2, 速度を v_1 と v_2 とする．

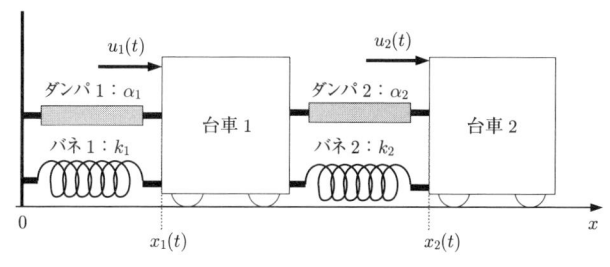

図 5.2 質点の力学系 (線形システムの例)

バネ 1 が台車 1 に与える x 方向の力は，$-k_1 x_1$，バネ 2 が台車 1，台車 2 に与える x 方向の力は，それぞれ $k_2(x_2 - x_1)$，$k_2(x_1 - x_2)$ とする．本来ならば，台車の長さやバネの自然長を考慮する必要があるが，台車は質点と考え，それらの長さは定数であるため 0 として解析する．そして，台車がぶつかることは考えず，バネの長さは負になることもあるとする．バネの長さが正のときに引っ張る力，バネの長さが負のときに押し出す力を生み出すことになる．

ダンパによる力は，台車の相対速度に比例して発生し，ダンパ 1 が台車 1 に与える x 方向の力は，$-\alpha_2 v_1$，ダンパ 2 が台車 1，台車 2 に与える x 方向の力は，それぞれ $\alpha_2(v_2 - v_1)$，$\alpha_2(v_1 - v_2)$ となる．台車 1 と台車 2 に与える x 方向の外力を u_1, u_2 とする (これが線形システムの入力なる)．

台車の運動方程式は次式で与えられる ($\ddot{x}$ は，x の時間による 2 階微分を表す)．

$$m_1 \ddot{x}_1 = \alpha_2(\dot{x}_2 - \dot{x}_1) + k_2(x_2 - x_1) - \alpha_1 \dot{x}_1 - k_1 x_1 + u_1$$
$$m_2 \ddot{x}_2 = \alpha_2(\dot{x}_1 - \dot{x}_2) + k_2(x_1 - x_2) + u_2$$

計測する値 (線形システムの出力) を，2 つの台車の相対位置 $y_1 = x_2 - x_1$ と台車 2 に加わる力 y_2 とする．運動方程式から y_2 は次式で与えられる．

$$y_2 = \alpha_2(\dot{x}_1 - \dot{x}_2) + k_2(x_1 - x_2) + u_2$$

上の運動方程式のままでは，時間の 1 階微分しかない線形システムの状態微分方程式 (5.1) で表すことはできない．また，出力方程式にも状態変数の微分が含まれていて，出力方程式 (5.2) で表すことはできない．そこで，$x_3 = \dot{x}_1 = v_1$，$x_4 = \dot{x}_2 = v_2$ として状態変数を追加する．もとの式の $\dot{x}_1$, $\dot{x}_2$ を x_3, x_4 に，$\ddot{x}_1$, $\ddot{x}_2$ を $\dot{x}_3$, $\dot{x}_4$ に置き換え，状態微分方程式に $x_3 = \dot{x}_1$, $x_4 = \dot{x}_2$ を追加する．このとき，運動方程式は，以下のようになる．

$$\dot{x}_3 = \frac{k_2}{m_1}(x_2 - x_1) + \frac{\alpha_2}{m_1}(x_4 - x_3) - \frac{k_1}{m_1}x_1 - \frac{\alpha_1}{m_1}x_3 + \frac{u_1}{m_1}$$
$$\dot{x}_4 = \frac{k_2}{m_2}(x_1 - x_2) + \frac{\alpha_2}{m_2}(x_3 - x_4) + \frac{u_2}{m_2}$$
$$\dot{x}_1 = x_3$$
$$\dot{x}_2 = x_4$$

となる．これを状態微分方程式の形に直せば次式になる．

$$\begin{pmatrix} \dot{x}_1(t) \\ \dot{x}_2(t) \\ \dot{x}_3(t) \\ \dot{x}_4(t) \end{pmatrix} = \begin{pmatrix} 0 & 0 & 1 & 0 \\ 0 & 0 & 0 & 1 \\ -\frac{k_1+k_2}{m_1} & \frac{k_2}{m_1} & -\frac{\alpha_1+\alpha_2}{m_1} & \frac{\alpha_2}{m_1} \\ \frac{k_2}{m_2} & -\frac{k_2}{m_2} & \frac{\alpha_2}{m_2} & -\frac{\alpha_2}{m_2} \end{pmatrix} \begin{pmatrix} x_1(t) \\ x_2(t) \\ x_3(t) \\ x_4(t) \end{pmatrix} + \begin{pmatrix} 0 & 0 \\ 0 & 0 \\ \frac{1}{m_1} & 0 \\ 0 & \frac{1}{m_2} \end{pmatrix} \begin{pmatrix} u_1(t) \\ u_2(t) \end{pmatrix}$$

また，出力方程式は次式で与えられる．

$$\begin{pmatrix} y_1 \\ y_2 \end{pmatrix} = \begin{pmatrix} -1 & 1 & 0 & 0 \\ k_2 & -k_2 & \alpha_2 & -\alpha_2 \end{pmatrix} \begin{pmatrix} x_1(t) \\ x_2(t) \\ x_3(t) \\ x_4(t) \end{pmatrix} + \begin{pmatrix} 0 & 0 \\ 0 & 1 \end{pmatrix} \begin{pmatrix} u_1(t) \\ u_2(t) \end{pmatrix}$$

5.3 ブロック線図

ブロック線図の要素 (図 5.3)

- 積分器： 入力を積分して出力する (初期値を記入することもある).
- 係数器： 入力に定数を乗算して出力する.
- 加算器： 複数の入力を加算して出力する.

積分器は図 5.3 のように，入力を時間積分して出力する．入力がベクトルである場合は，ベクトルの要素ごとに積分したものを出力する．この図では，初期値を記入していないが，ブロック線図中に表記することもある．積分器の入力に $\dot{\boldsymbol{x}}(t)$ を加え，初期値を $\boldsymbol{x}(0)$ とすれば出力は，

$$\int_0^t \dot{\boldsymbol{x}}(\tau)d\tau + \boldsymbol{x}(0) = \boldsymbol{x}(t) \tag{5.16}$$

と，状態変数値 $\boldsymbol{x}(t)$ となる．積分を $1/s$ とラプラス変換で表示しているが，時間信号の場合も同じ記号を使うことが多い．

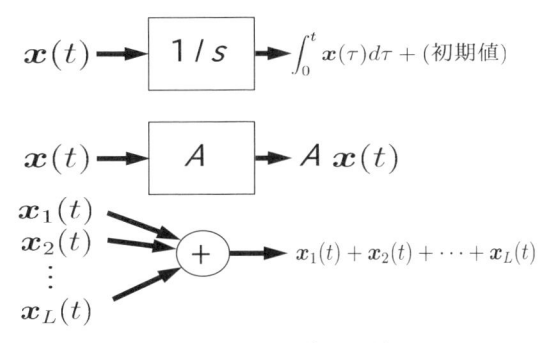

図 5.3 ブロック線図の要素

係数器は，入力に定数を乗算して出力するものである．入力がベクトルの場合は，行列を乗算して得られたベクトルを出力する．加算器は入力を合算して出力する．ベクトルの場合もベクトルの和として合算して出力する．

連続時間線形システムのブロック線図 (図 5.4)

- 式 (5.16) のように，積分器の入力を $\dot{\boldsymbol{x}}(t)$ とし，出力を $\boldsymbol{x}(t)$ とする．
- 積分器の入力の $\dot{\boldsymbol{x}}(t)$ を，積分器の出力 $\boldsymbol{x}(t)$ とシステムへの入力 $\boldsymbol{u}(t)$ から係数器と加算器を使い合成する ($\dot{\boldsymbol{x}}(t) = \boldsymbol{A}\boldsymbol{x}(t) + \boldsymbol{B}\boldsymbol{u}(t)$).
- 積分器の出力 $\boldsymbol{x}(t)$ とシステムへの入力 $\boldsymbol{u}(t)$ から係数器と加算器を使い合成する ($\boldsymbol{y}(t) = \boldsymbol{C}\boldsymbol{x}(t) + \boldsymbol{D}\boldsymbol{u}(t)$).

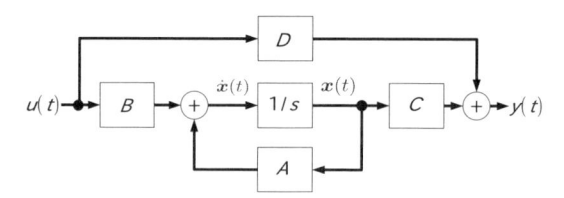

図 5.4 連続時間線形システムのブロック線図の基本

　連続時間線形システムのブロック線図の基本を図 5.4 に示す．この図は状態変数はベクトルとして書かれている．状態遷移方程式は微分を使って書かれているのに，積分器を使うことは奇妙に見えるが，状態遷移方程式は，状態変数値と入力から状態変数の微分値を決めるものであり，その微分値をもとの状態変数値に戻すために積分で記述することが必要になる．図 5.4 により，式 (5.1), (5.2) が表されていることを確かめてほしい．

　状態変数の成分ごとにブロック線図で表す場合は，行列とベクトルの積を乗算器と加算器で表すことが必要である．またたとえば，$\boldsymbol{Ax}(t)$ と $\boldsymbol{Cu}(t)$ の和のための加算器は，行列とベクトルの積のための加算器に含めることができる．

　ブロック線図の例を示す．次の線形システムのブロック図は図 5.5 で示すことができる．

$$\begin{pmatrix} \dot{x}_1(t) \\ \dot{x}_2(t) \end{pmatrix} = \begin{pmatrix} -1 & 2 \\ -1 & -4 \end{pmatrix} \begin{pmatrix} x_1(t) \\ x_2(t) \end{pmatrix} + \begin{pmatrix} 3 & 0 \\ 0 & 1 \end{pmatrix} \begin{pmatrix} u_1(t) \\ u_2(t) \end{pmatrix}$$

$$y(t) = (2\ 0) \begin{pmatrix} x_1(t) \\ x_2(t) \end{pmatrix} + (-1\ 0) \begin{pmatrix} u_1(t) \\ u_2(t) \end{pmatrix}$$

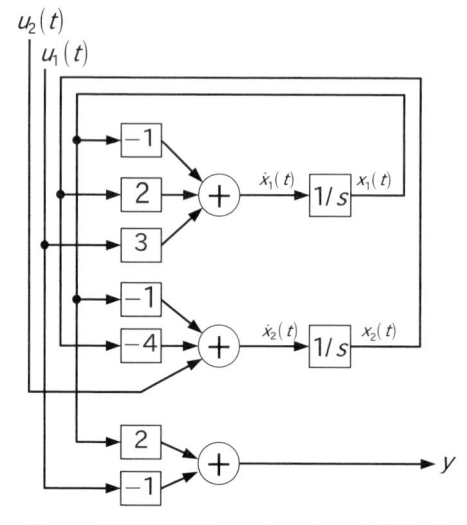

図 5.5 連続時間線形システムのブロック線図の例

5.4 線形システムの解法

5.4.1 行列の指数関数を使う方法

行列の指数関数を使う連続時間線形システムの解法

● 時刻 t における状態ベクトル $\boldsymbol{x}(t)$ は以下のように表される．
$$\boldsymbol{x}(t) = e^{\boldsymbol{A}t}\boldsymbol{x}(0) + \int_0^t e^{\boldsymbol{A}(t-\tau)}\boldsymbol{B}\boldsymbol{u}(\tau)d\tau \tag{5.17}$$

● 時刻 t における出力ベクトル $\boldsymbol{y}(t)$ は以下のように表される．
$$\boldsymbol{y}(t) = \boldsymbol{C}e^{\boldsymbol{A}t}\boldsymbol{x}(0) + \int_0^t \boldsymbol{C}e^{\boldsymbol{A}(t-\tau)}\boldsymbol{B}u(\tau)d\tau + \boldsymbol{D}\boldsymbol{u}(t) \tag{5.18}$$

● $e^{\boldsymbol{A}t}$ は状態の推移を決める行列で，状態遷移行列と呼ばれる．

$\boldsymbol{v}(x)$ を未知の関数として，
$$\boldsymbol{x}(t) = e^{\boldsymbol{A}t}\boldsymbol{v}(t) \tag{5.19}$$

とおく．これを時間で微分すれば，
$$\dot{\boldsymbol{x}}(t) = \left(\frac{d}{dt}e^{\boldsymbol{A}t}\right)\boldsymbol{v}(t) + e^{\boldsymbol{A}t}\dot{\boldsymbol{v}}(t) = \boldsymbol{A}e^{\boldsymbol{A}t}\boldsymbol{v}(t) + e^{\boldsymbol{A}t}\dot{\boldsymbol{v}}(t) \tag{5.20}$$

が成立する．これを式 (5.1) に代入すれば，
$$\boldsymbol{A}e^{\boldsymbol{A}t}\boldsymbol{v}(t) + e^{\boldsymbol{A}t}\dot{\boldsymbol{v}}(t) = \boldsymbol{A}e^{\boldsymbol{A}t}\boldsymbol{v}(t) + \boldsymbol{B}\boldsymbol{u}(t) \tag{5.21}$$

となる．$e^{\boldsymbol{A}t}$ の逆行列は $e^{-\boldsymbol{A}t}$ であるから，
$$\dot{\boldsymbol{v}}(t) = e^{-\boldsymbol{A}t}\boldsymbol{B}\boldsymbol{u}(t) \tag{5.22}$$

が成立する．変数 t を τ に置き換えて，0 から t まで積分すれば，
$$\boldsymbol{v}(t) - \boldsymbol{v}(0) = \int_0^t e^{-\boldsymbol{A}\tau}\boldsymbol{B}\boldsymbol{u}(\tau)d\tau \tag{5.23}$$

が成立する．式 (5.23) の左辺に左から $e^{\boldsymbol{A}t}$ をかけると，
$$e^{\boldsymbol{A}t}\int_0^t e^{-\boldsymbol{A}\tau}\boldsymbol{B}\boldsymbol{u}(\tau)d\tau = \int_0^t e^{-\boldsymbol{A}(t-\tau)}\boldsymbol{B}\boldsymbol{u}(\tau)d\tau \tag{5.24}$$

となる．$\boldsymbol{x}(0) = e^{\boldsymbol{A}0}\boldsymbol{v}(0) = e^{\boldsymbol{O}}\boldsymbol{v}(0) = \boldsymbol{v}(0)$ であるから，式 (5.23) に左から $e^{\boldsymbol{A}t}$ をかければ，式 (5.17) が得られる．この最後の項である式 (5.24) は，$e^{\boldsymbol{A}t}$ と $\boldsymbol{B}\boldsymbol{u}(\tau)$ の畳み込み積分になっている．また式 (5.18) は，式 (5.17) を式 (5.2) に代入すれば得られる．

ゼロ入力応答は次式で与えられる．
$$\boldsymbol{y}(t) = \boldsymbol{C}e^{\boldsymbol{A}t}\boldsymbol{x}(0) \tag{5.25}$$

ゼロ状態応答は次式で与えられる.

$$y(t) = \int_0^t Ce^{A(t-\tau)}Bu(\tau)d\tau + Du(t) \tag{5.26}$$

固有値を使った状態遷移行列の計算法

- A の固有値 λ_i と対応する固有ベクトルを p_i とし $(i=1,2,\ldots,N)$，固有値はすべて異なるとする.
- 行列 P を列ベクトル p_i を並べた，(N,N) 行列とする.

$$P = (p_1 \ p_2 \ \cdots \ p_N) \tag{5.27}$$

- $L(t)$ を，次のような対角行列とする.

$$L(t) = \begin{pmatrix} e^{t\lambda_1} & 0 & \cdots & 0 \\ 0 & e^{t\lambda_2} & \cdots & 0 \\ \vdots & 0 & \ddots & 0 \\ 0 & 0 & \cdots & e^{t\lambda_N} \end{pmatrix} \tag{5.28}$$

- 状態遷移行列 e^{At} は次式で与えられる.

$$e^{At} = PL(t)P^{-1} \tag{5.29}$$

この状態遷移行列の計算式 (5.29) は，P による対角化

$$P^{-1}AP = \begin{pmatrix} \lambda_1 & 0 & \cdots & 0 \\ 0 & \lambda_2 & \cdots & 0 \\ \vdots & 0 & \ddots & 0 \\ 0 & 0 & \cdots & \lambda_N \end{pmatrix}$$

を使った，

$$e^{At} = \sum_{n=0}^{\infty} \frac{A^n}{n!} = P\left(\sum_{n=0}^{\infty} \frac{(P^{-1}AP)^n}{n!}\right)P^{-1}$$

$$= P\begin{pmatrix} \sum_{n=0}^{\infty}\frac{\lambda_1^n}{n!} & 0 & \cdots & 0 \\ 0 & \sum_{n=0}^{\infty}\frac{\lambda_2^n}{n!} & \cdots & 0 \\ \vdots & 0 & \ddots & 0 \\ 0 & 0 & \cdots & \sum_{n=0}^{\infty}\frac{\lambda_N^n}{n!} \end{pmatrix}P^{-1}$$

より明らかである．状態遷移行列と入力に関する式 (5.17) の第 2 項の畳み込み積分が計算できれば，任意の時刻 t での線形システムの状態が求まる．ただし，いま示した方法では，値が同じ固有値が存在する場合，状態遷移行列を求めることはできないことがある．次に示すラプラス変換を使う場合では，そのような場合も求めることができる．

5.4.2 ラプラス変換を使う方法

ラプラス変換を使う連続時間線形システムの解法

- $U(s)$： 入力 $x(t)$ のラプラス変換
- $X(s)$： 状態変数 $x(t)$ のラプラス変換
- $Y(s)$： 出力 $y(t)$ のラプラス変換
- 連続時間線形システムの状態微分方程式 (5.1) と出力方程式 (5.2) をラプラス変換すると，次のように書くことができる．

$$sX(t) - x(0) = AX(s) + BU(s) \tag{5.30}$$

$$Y(s) = CX(s) + DU(s) \tag{5.31}$$

- この解は次のようになる．

$$X(t) = (sI - A)^{-1}x(0) + (sI - A)^{-1}BU(s) \tag{5.32}$$

$$Y(s) = C(sI - A)^{-1}x(0) + \{C(sI - A)^{-1}B + D\}U(s) \tag{5.33}$$

- e^{At} のラプラス変換

$$\mathcal{L}[e^{At}] = (sI - A)^{-1} \tag{5.34}$$

ここで時間関数のベクトルのラプラス変換が現れているが，これはベクトルの成分となっている時間関数ごとにラプラス変換したものである．時間 $\dot{x}(t)$ をラプラス変換したものは，通常の関数の微分と同様に，

$$sX(s) - x(0) \tag{5.35}$$

となるから，式 (5.30) が成立する．式 (5.30) を整理すれば，

$$(sI - A)X(t) = x(0) + BU(s) \tag{5.36}$$

となる．A の固有値は有限個であるので，s がその固有値と一致しないようにすることができる．したがって，$(sI - A)$ は正則になる．式 (5.36) に右から $(sI - A)^{-1}$ をかければ，式 (5.32) が成立する．式 (5.32) を式 (5.31) に代入して，出力 (5.33) を得ることができる．式に現れる逆行列はクラメルの公式などを使って具体的に計算できる．したがって，式 (5.33) を逆ラプラス変換して出力の時間関数を得ることができる．

また，式 (5.32) と式 (5.17) を比べて，式 (5.34) を得る．

5.4.3 計 算 例

まず，5.2.2 項の LCR 回路の問題を，行列の固有ベクトルを用いる方法と，ラプラス変換を用いる方法で解く．

状態微分方程式と出力方程式は，それぞれ，式 (5.14) と式 (5.15) で与えられている．ここ

では，$R = 3$, $L = 1$, $C = 1/2$ とし，$x_1(0) = 0$, $x_2(0) = 2$, $u(t)$ を単位ステップ関数の 3 倍 ($u(t) = 0\ (t < 0)$, $u(t) = 3\ (t \geq 0)$) として，$t \geq 0$ における状態変数 $x_1(t), x_2(t)$ と出力 $y_1(t), y_2(t)$ を求める (この $u(t)$ は単位ステップ関数ではないことを再度注意する).

与えられた値を代入すると，状態微分方程式と出力方程式は次のようになる．

$$\begin{pmatrix} \dot{x}_1(t) \\ \dot{x}_2(t) \end{pmatrix} = \begin{pmatrix} -3 & -1 \\ 2 & 0 \end{pmatrix} \begin{pmatrix} x_1(t) \\ x_2(t) \end{pmatrix} + \begin{pmatrix} 1 \\ 0 \end{pmatrix} u(t)$$

$$\begin{pmatrix} y_1(t) \\ y_2(s) \end{pmatrix} = \begin{pmatrix} -3 & -1 \\ 3 & 0 \end{pmatrix} \begin{pmatrix} x_1(t) \\ x_2(t) \end{pmatrix} + \begin{pmatrix} 1 \\ 0 \end{pmatrix} u(t)$$

まず，固有ベクトルを使って解く．そのために，$\boldsymbol{A}$ の状態遷移行列を求める．$\boldsymbol{A}$ の固有方程式は，

$$0 = |\lambda \boldsymbol{I} - \boldsymbol{A}| = \begin{pmatrix} \lambda + 3 & 1 \\ -2 & \lambda \end{pmatrix} = (\lambda + 2)(\lambda + 1)$$

となる．固有値は，-2 と -1 となる．$\lambda = -2$ に対して，

$$\begin{pmatrix} \lambda + 3 & 1 \\ -2 & \lambda \end{pmatrix} = \begin{pmatrix} 1 & 1 \\ -2 & -2 \end{pmatrix}$$

であるから，固有ベクトルを $(1\ -1)^T$ とすることができる．$\lambda = -1$ に対して，

$$\begin{pmatrix} \lambda + 3 & 1 \\ -2 & \lambda \end{pmatrix} = \begin{pmatrix} 2 & 1 \\ -2 & -1 \end{pmatrix}$$

であるから，固有ベクトルを $(2\ -1)^T$ とすることができる．

$$\boldsymbol{P} = \begin{pmatrix} 1 & 1 \\ -1 & -2 \end{pmatrix}$$

とおけば，

$$\boldsymbol{P}^{-1} = \frac{1}{1(-2) - (-1)1} \begin{pmatrix} -2 & -1 \\ 1 & 1 \end{pmatrix} = \begin{pmatrix} 2 & 1 \\ -1 & -1 \end{pmatrix}$$

となる．確認のために，$\boldsymbol{P}^{-1}\boldsymbol{A}\boldsymbol{P}$ を計算すると，

$$\begin{pmatrix} 2 & 1 \\ -1 & -1 \end{pmatrix} \begin{pmatrix} -3 & -1 \\ 2 & 0 \end{pmatrix} \begin{pmatrix} 1 & 1 \\ -1 & -2 \end{pmatrix} = \begin{pmatrix} 2 & 1 \\ -1 & -1 \end{pmatrix} \begin{pmatrix} -2 & -1 \\ 2 & 2 \end{pmatrix}$$

$$= \begin{pmatrix} -2 & 0 \\ 0 & -1 \end{pmatrix}$$

となり，確かに固有値で対角化されている．

したがって，次式が成立する．

$$e^{\boldsymbol{A}t} = \boldsymbol{P} \begin{pmatrix} e^{-2t} & 0 \\ 0 & e^{-t} \end{pmatrix} \boldsymbol{P}^{-1} = \begin{pmatrix} 2e^{-2t} - e^{-t} & e^{-2t} - e^{-t} \\ -2e^{-2t} + 2e^{-t} & -e^{-2t} + 2e^{-t} \end{pmatrix}$$

状態変数の値は，

$$\boldsymbol{x}(t) = e^{\boldsymbol{A}t}\boldsymbol{x}(0) + \int_0^t e^{\boldsymbol{A}(t-\tau)}\boldsymbol{B}\boldsymbol{u}(t)d\tau$$

$$= \begin{pmatrix} 2e^{-2t} - e^{-t} & e^{-2t} - e^{-t} \\ -2e^{-2t} + 2e^{-t} & -e^{-2t} + 2e^{-t} \end{pmatrix} \begin{pmatrix} 0 \\ 2 \end{pmatrix}$$

$$+ \int_0^t \begin{pmatrix} 2e^{-2(t-\tau)} - e^{-(t-\tau)} & e^{-2(t-\tau)} - e^{-(t-\tau)} \\ -2e^{-2(t-\tau)} + 2e^{-(t-\tau)} & -e^{-2(t-\tau)} + 2e^{-(t-\tau)} \end{pmatrix} \begin{pmatrix} 1 \\ 0 \end{pmatrix} 3\, d\tau$$

となる．$\xi = t - \tau$ とおいて変数変換すれば，

$$\int_0^t e^{a(t-\tau)}d\tau = \int_t^0 e^{a\xi}(-d\xi) = \frac{1}{a}[e^{a\xi}]_0^t = \frac{1}{a}(e^{at}-1) = \frac{1}{-a}(1-e^{at})$$

となるので，

$$\boldsymbol{x}(t) = 2\begin{pmatrix} e^{-2t} - e^{-t} \\ -e^{-2t} + 2e^{-t} \end{pmatrix} + 3\begin{pmatrix} 1 - e^{-2t} - (1 - e^{-t}) \\ -(1 - e^{-2t}) + 2(1 - e^{-t}) \end{pmatrix} = \begin{pmatrix} -e^{-2t} + e^{-t} \\ e^{-2t} - 2e^{-t} + 3 \end{pmatrix} \tag{5.37}$$

となる．出力は，

$$\begin{pmatrix} y_1(t) \\ y_2(t) \end{pmatrix} = \boldsymbol{C}\boldsymbol{x}(t) + \boldsymbol{D}\boldsymbol{u}(t) = \begin{pmatrix} -3 & -1 \\ 3 & 0 \end{pmatrix} \begin{pmatrix} -e^{-2t} + e^{-t} \\ e^{-2t} - 2e^{-t} + 3 \end{pmatrix} + \begin{pmatrix} 1 \\ 0 \end{pmatrix} 3$$

$$= \begin{pmatrix} 2e^{-2t} - e^{-t} \\ -3e^{-2t} + 3e^{-t} \end{pmatrix} \tag{5.38}$$

となる．これで，状態変数と出力の値が求まった．

次に，ラプラス変換を使って解く．状態方程式は，

$$\begin{pmatrix} sX_1(s) \\ sX_2(s) \end{pmatrix} = \begin{pmatrix} 0 \\ 2 \end{pmatrix} + \begin{pmatrix} -3 & -1 \\ 2 & 0 \end{pmatrix} \begin{pmatrix} X_1(s) \\ X_2(s) \end{pmatrix} + \begin{pmatrix} 1 \\ 0 \end{pmatrix} \frac{3}{s}$$

となる．したがって，状態のラプラス変換は，

$$\begin{pmatrix} X_1(s) \\ X_2(s) \end{pmatrix} = \begin{pmatrix} s+3 & +1 \\ -2 & s \end{pmatrix}^{-1} \begin{pmatrix} \frac{3}{s} \\ 2 \end{pmatrix} = \frac{1}{(s+3)s+2} \begin{pmatrix} s & -1 \\ 2 & s+3 \end{pmatrix} \begin{pmatrix} \frac{3}{s} \\ 2 \end{pmatrix}$$

$$= \frac{1}{(s+1)(s+2)} \begin{pmatrix} 3-2 \\ \frac{6}{s} + 2s + 6 \end{pmatrix} = \begin{pmatrix} \frac{1}{(s+1)(s+2)} \\ \frac{2s^2+6s+6}{s(s+1)(s+2)} \end{pmatrix}$$

となる．これを逆ラプラス変換する．

$$\begin{pmatrix} x_1(t) \\ x_2(t) \end{pmatrix} = \begin{pmatrix} \lim_{s \to -2}(s+2)\frac{1}{(s+1)(s+2)}e^{st} + \lim_{s \to -1}(s+1)\frac{1}{(s+1)(s+2)}e^{st} \\ \lim_{s \to -2}(s+2)\frac{2s^2+6s+6}{s(s+1)(s+2)}e^{st} + \lim_{s \to -1}(s+1)\frac{2s^2+6s+6}{s(s+1)(s+2)}e^{st} \\ + \lim_{s \to 0}s\frac{2s^2+6s+6}{s(s+1)(s+2)}e^{st} \end{pmatrix}$$

$$= \begin{pmatrix} -e^{-2t} + e^{-t} \\ e^{-2t} - 2e^{-t} + 3 \end{pmatrix} \tag{5.39}$$

式 (5.37) と同じ解が得られた．出力もラプラス変換を用いて求めてみる．

$$\begin{pmatrix} Y_1(s) \\ Y_2(s) \end{pmatrix} = \boldsymbol{C}\boldsymbol{x}(s) + \boldsymbol{D}U(s)$$

$$= \begin{pmatrix} -3 & -1 \\ 3 & 0 \end{pmatrix} \begin{pmatrix} \frac{1}{(s+1)(s+2)} \\ \frac{2s^2+6s+6}{s(s+1)(s+2)} \end{pmatrix} + \begin{pmatrix} \frac{3}{s} \\ 0 \end{pmatrix}$$

$$= \begin{pmatrix} \frac{-3s-(2s^2+6s+6)+3(s+1)(s+2)}{s(s+1)(s+2)} \\ \frac{3}{(s+1)(s+2)} \end{pmatrix} = \begin{pmatrix} \frac{s^2}{s(s+1)(s+2)} \\ \frac{3}{(s+1)(s+2)} \end{pmatrix} = \begin{pmatrix} \frac{s}{(s+1)(s+2)} \\ \frac{3}{(s+1)(s+2)} \end{pmatrix}$$

となる．これを逆ラプラス変換する．

$$\begin{pmatrix} y_1(t) \\ y_2(t) \end{pmatrix} = \begin{pmatrix} \lim_{s \to -2}(s+2)\frac{s}{(s+1)(s+2)}e^{st} + \lim_{s \to -1}(s+1)\frac{s}{(s+1)(s+2)}e^{st} \\ \lim_{s \to -2}(s+2)\frac{3}{(s+1)(s+2)}e^{st} + \lim_{s \to -1}(s+1)\frac{3}{(s+1)(s+2)}e^{st} \end{pmatrix}$$

$$= \begin{pmatrix} -e^{-t} + 2e^{-2t} \\ 3e^{-t} - 3e^{-2t} \end{pmatrix} \tag{5.40}$$

となり，固有値展開と同じ結果 (式 (5.38)) が得られた．

ラプラス変換で求めた方が計算が容易である．ラプラス変換できないような場合は，一般には，微分方程式の数値解法で解を求める．

5.5 伝達関数

伝達関数

● 伝達関数 (transfer function) は，初期状態が $\boldsymbol{0}$ のとき ($\boldsymbol{x}(0) = \boldsymbol{0}$) の入力と出力 (ゼロ状態応答) の関係を表した式である．

● 一般にはラプラス変換またはフーリエ変換で表し，次式で定義される．

$$(\text{ゼロ状態応答}) = (\text{伝達関数})(\text{入力}) \tag{5.41}$$

● 1入力1出力のシステムの場合は伝達関数は単なるスカラー関数であり，多入力多出力の場合は関数を要素とする行列となる．

入力と出力の関係だけが重要であり，システムの状態自体はそれほど重要でないことも多いため，伝達関数が重要になる．

5.5.1 伝達関数の表示形式

伝達関数の表示形式

- 厳密には収束の条件等を考えることが必要であるが，現実の多くのシステムで次の3つが成立する．
  - ラプラス変換で表した伝達関数の s に $i\omega$ を代入すると，フーリエ変換で表した伝達関数になる．
  - フーリエ変換で表した伝達関数の ω に $-is$ を代入すると，ラプラス変換で表した伝達関数になる．
  - $H(\omega)$ をフーリエ変換で表した伝達関数とする．入力に $e^{i\omega_0 t}$ を加えたときの出力は，$H(\omega_0)e^{i\omega_0 t}$ となる．
- ラプラス変換あるいはフーリエ変換で表した伝達関数を逆変換したものは，システムのインパルス応答になる．

多入力多出力の場合も，その行列の要素を考えれば単なるスカラー関数であるから，ここでは1入力1出力の伝達関数を考える．

ラプラス変換で表した伝達関数 $H(s)$ を，逆ラプラス変換した時間関数を $h(t)$ とする．現実のシステムでは，$h(t)$ は時間とともに指数関数的に減衰するものが多いために，フーリエ変換可能である場合が多い．このような場合は，ラプラス変換で表された関数の s に $i\omega$ を代入すれば，フーリエ変換で表された関数となる．逆ラプラス変換された信号は $t<0$ で $h(t)=0$ となるので，s に $i\omega$ を代入すれば良いことは，次の両者の定義式より明らかである．

$$\text{フーリエ変換}: H(\omega) = \int_{-\infty}^{\infty} h(t)e^{-i\omega t}dt \tag{5.42}$$

$$\text{ラプラス変換}: H(s) = \int_{0}^{\infty} h(t)e^{-st}dt \tag{5.43}$$

同様に，フーリエ変換で表された伝達関数の ω に $-is$ を代入すればラプラス変換で表した伝達関数になるが，逆フーリエ変換したものが，$t<0$ で 0 になることを確認する必要がある．0 にならない場合は，入力が加わる前に信号が出力されるという，因果律が成立しないシステムであり，これは物理的には不自然である．

式 (5.41) より，時間座標で表せば，ラプラス変換した関数の積は時間関数では畳み込み積分で表されるから，ゼロ状態応答 (初期状態が 0 の出力) $y(t)$ は次式で表される．

$$y(t) = \int_{0}^{t} h(t-\tau)u(\tau)d\tau$$

$u(t)=\delta(t)$ のとき，$y(t)=h(t)$ となるので，$h(t)$ はシステムのインパルス応答になる．これはフーリエ変換を使った場合でも同様に成立する．

3.6.2 項でも述べたが，入力に $e^{i\omega_0 t}$ を加えたときの出力について，別の導出法で論じる．$h(t)$ をフーリエ変換することを考える．フーリエ変換の定義式 (5.42) において，$\omega=\omega_0$ を代入し，積分変数を t から τ に書き換え，両辺に $e^{i\omega_0 t}$ をかけると次式が成立する．

$$H(\omega_0)e^{i\omega_0 t} = \int_{-\infty}^{\infty} h(t)e^{i\omega_0(t-\tau)}d\tau = \int_{-\infty}^{\infty} h(t-\tau)e^{i\omega_0 \tau}d\tau$$

上式は畳み込み積分であり，$h(t)$ がインパルス応答であるから，システムに $e^{i\omega_0 t}$ を加えたと

きの出力を時間関数として表している．したがって，入力に角周波数 ω_0 の正弦波を加えたとき，十分な時間が経ったあとでは，出力では大きさが $|H(i\omega_0)|$ 倍になり，位相が $\arg H(i\omega_0)$ 進んだ正弦波が出力されることになる．また，「十分な時間」とは，状態 (出力) が初期状態に影響されなくなる時間であり，$h(t)$ が指数関数的に減衰する関数と考えて，それが十分に減衰する時間という意味である．

5.5.2 1入力1出力 N 次線形システムの伝達関数

1入力1出力 N 次線形システムの伝達関数

- 入力と出力がスカラーであるため，行列 C, B, D を，N 次元ベクトル $\boldsymbol{c}^T$, $\boldsymbol{b}$ とスカラー d で表す．
- 伝達関数は次式で与えられる．

$$\boldsymbol{c}^T(s\boldsymbol{I}-\boldsymbol{A})^{-1}\boldsymbol{b}+d \tag{5.44}$$

入力と出力がスカラーであるため，それぞれを $U(s)$, $Y(s)$ で表す．1入力1出力であっても，状態ベクトルの次元は 1 とは限らないことに注意が必要である．このとき，式 (5.33) で $\boldsymbol{x}(0)=\boldsymbol{0}$ とすれば，次式が成立する．

$$Y(s) = \{\boldsymbol{c}^T(s\boldsymbol{I}-\boldsymbol{A})^{-1}\boldsymbol{b}+d\}U(s)$$

となる．したがって，伝達関数 $Y(s)/U(s)$ が，式 (5.44) で与えられる．

5.5.3 M 入力 K 出力 N 次線形システムの伝達関数

M 入力 K 出力 N 次線形システムの伝達関数

- 伝達関数は次式で与えられる．

$$\boldsymbol{H}(s) = \boldsymbol{C}(s\boldsymbol{I}-\boldsymbol{A})^{-1}\boldsymbol{B}+\boldsymbol{D} \tag{5.45}$$

式 (5.33) で $\boldsymbol{x}(0)=0$ とすれば，

$$\boldsymbol{Y}(s) = \{\boldsymbol{C}(s\boldsymbol{I}-\boldsymbol{A})^{-1}\boldsymbol{B}+\boldsymbol{D}\}\boldsymbol{U}(s)$$

より，式 (5.45) は明らかである．インパルス応答行列は，

$$\boldsymbol{H}(t) = \boldsymbol{C}e^{\boldsymbol{A}t}\boldsymbol{B}+\boldsymbol{D}\delta(t)$$

となる．紛らわしいが，$\boldsymbol{H}(t)$ は，$\boldsymbol{H}(s)$ を逆ラプラス変換した行列を表している．時間関数で表した出力の式は，次のようになる．

$$\boldsymbol{y}(t) = \int_0^t \boldsymbol{H}(t-\tau)\boldsymbol{u}(\tau)d\tau = \int_0^t \boldsymbol{C}e^{\boldsymbol{A}(t-\tau)}\boldsymbol{B}\boldsymbol{u}(\tau)d\tau + \boldsymbol{D}\boldsymbol{u}(t)$$

5.6 自 動 制 御

自 動 制 御
- 自動制御の目的は，制御量を目標値にできるだけ速く遷移させ，できるだけ正確に目標値に保持させることである．
- 古典制御 (PID 制御)： 制御量と目標値との差，その微分値，積分値のそれぞれに定数をかけて加算したものを，制御対象の入力とする．
- 現代制御：制御対象の状態微分方程式などで表し，出力が目標値に近くなるような最適化基準に基づいて入力を決定する．

たとえば，ドリルのモータの回転数を一定に保持することを考える．制御量はこの回転数になる．モータの負荷 (駆動に必要なトルク) は，切削の状態に応じて変動する．その変動に応じてモータへの入力である電圧を変化させることが必要である．目標とする回転数，現在の回転数からこの電圧を決めることが自動制御の目的である．

ここでは，古典制御に関して説明する．信号や伝達関数はすべてラプラス変換したもので表す．本章の最後で現代制御理論を少しだけ垣間見る．

5.6.1 フィードバック制御

フィードバック制御系の構成要素 (図 5.6)
- 制御対象 (伝達関数 $G(s)$)： その出力を制御しようとする要素
- 基準入力要素 (伝達関数 $P(s)$)： 目標値を制御要素のための表現に変換するための要素
- 制御要素 (伝達関数 $F(s)$)： 制御対象を適正に制御するための要素
- フィードバック要素 (伝達関数 $W(s)$)： 制御対象の出力を観測して扱うことができる量に変換する要素

フィードバック制御系の信号
- 操作量 $V(s)$： 制御対象への入力
- 制御量 $Y(s)$： 制御対象の出力 (制御系の出力であるとともに，フィードバック要素への入力になる)
- 制御動作信号 $E(s)$： 制御要素への入力

- 目標値 $T(s)$： 制御量の出力の目標値
- 基準入力信号 $U(s)$： 目標値を制御要素で扱うための表現に変換した信号
- フィードバック要素出力 $Z(s)$： フィードバック要素の出力

フィードバック系の構成図を図 5.6 に示す．制御対象の出力 $Y(s)$ を観測した $Z(s)$ と $U(s)$ との差をなるべく小さくすることで，目標と制御量を近づける．

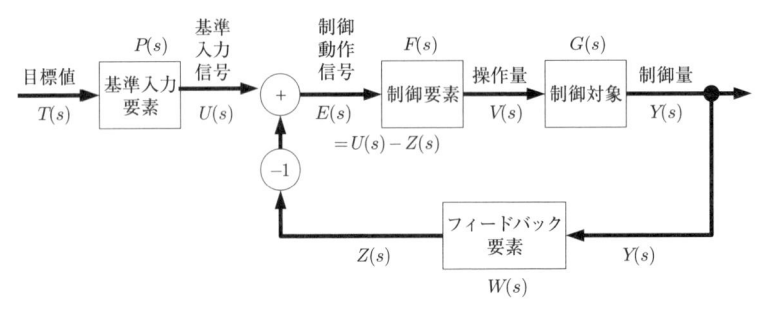

図 5.6 フィードバック制御系

フィードバック制御系の構成式

- フィードバック：
$$E(s) = U(s) - Z(s) \tag{5.46}$$

- 制御対象：
$$Y(s) = G(s)V(s) \tag{5.47}$$

- 基準入力要素：
$$U(s) = P(s)T(s) \tag{5.48}$$

- 制御要素：
$$V(s) = F(s)E(s) \tag{5.49}$$

- フィードバック要素：
$$Z(s) = W(s)Y(s) \tag{5.50}$$

フィードバック系の伝達関数

- フィードバック系の伝達関数 $(H(s) = Y(s)/U(s))$：
$$H(s) = \frac{G(s)F(x)}{1 + G(s)F(s)W(s)} \tag{5.51}$$

- 開ループ伝達関数： $G(s)F(s)W(s)$

単に目標を変換するだけの基準入力要素を省略して，入力を基準入力信号，出力を制御量としたときの伝達関数を示している．式 (5.46), (5.47), (5.49) より

$$Y(s) = G(s)F(s)(U(s) - Z(s))$$

となり，式 (5.50) より，

$$Y(s) = \frac{G(s)F(s)}{1 + G(s)F(s)W(s)} U(s)$$

が成立するので，式 (5.51) が成立する．

開ループ伝達関数は，信号のループを切り離し，制御要素に入力を加え，フィードバック要素の出力を取り出すときの伝達関数を意味する．安定性などを解析する時に重要な役割を果たす．

例： モータの制御系

- 目的： モータの回転数が目標値になるように，モータに供給する電圧を変化させる．

各要素の目的，入力，出力をまとめる．

- 基準入力要素
  - 目的： 目標とする回転数をそれを表現する電圧に変換する．
  - 入力： $T(s)$，目標値，回転数の目標値
  - 出力： $U(s)$，基準入力信号，回転数の目標値を電圧で表したもの
- 制御対象： 制御するもの (モータ)
  - 目的： 実際に動作する．
  - 入力： $V(s)$，操作量，モータへ加える電圧
  - 出力： $Y(s)$，制御量，モータの回転数
- 制御要素
  - 目的： 目標と現在の回転数の差からモータに供給する電圧を決める．
  - 入力： $E(s)$，制御動作信号，目標と現在の回転数の差を表したもの
  - 出力： $V(s)$，操作量，モータへ供給する電圧
- フィードバック要素
  - 目的： モータの回転を観測して，それを表す電圧に変換する．
  - 入力： $Y(s)$，制御量，モータの回転数
  - 出力： $Z(s)$，モータの現在の回転数を電圧で表したもの

フィードバック制御の注意点

- 制御対象の伝達関数 $G(s)$ などは正確には求まらない (正確に求まっていれば，フィードバックする必要がない)．
- 誤差 (目標値に制御量が十分正確に近づくか)，安定性 (発散や振動をしないか) などを考慮する必要がある．

- 制御系の設計では $F(s)$ や $W(s)$ を設計する (特に $F(s)$).
- 古典制御における PID 要素 (5.6.2 項) は $F(s)$ によって表される.

5.6.2 PID 制御

PID 制御

- 制御要素が次の 3 つの要素から構成される制御系を意味する.
  - P : 比例 (proportional) 要素
  - I : 積分 (integral) 要素
  - D : 微分 (differential) 要素

これらの要素を具体的に式を使ってまとめる.

PID 制御の制御要素

- PID 制御の制御要素の伝達関数は次式で表される.
$$F(s) = K_\mathrm{P}\left(1 + \frac{1}{T_\mathrm{I}s} + T_\mathrm{D}s\right) \tag{5.52}$$
  - K_P : フィードバックゲイン
  - T_I : 積分要素の時定数
  - T_D : 微分要素の時定数
- 基準動作信号と操作量の時間領域における表現を，それぞれ $e(t)$ と $v(t)$ で表せば，式 (5.52) は次式となる.
$$v(t) = K_\mathrm{P}\left(e(t) + \frac{1}{T_\mathrm{I}}\int_0^t e(\tau)d\tau + T_\mathrm{D}\frac{de(t)}{dt}\right)$$

いま，制御系の伝達関数で説明したように，基準入力要素を無視し $U(s)$ を目標値とする．そして，制御量 $Y(s)$ が直接観測できるとし $W(s) = 1$ とする．このときの制御系を図 5.7 に図示する．また，制御系の伝達関数は式 (5.51) より，次式のようになる.

$$H(s) = \frac{F(s)G(s)}{1 + F(s)G(s)} \tag{5.53}$$

制御の目的は，制御量 $Y(s)$ が基準動作信号 $U(s)$ と一致することであるから，$H(s) = 1$ とな

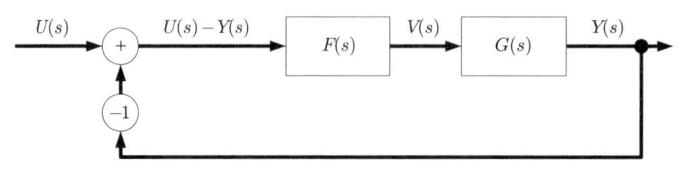

図 5.7 PID 制御

ることが望ましい．いま，制御要素が比例要素だけからなるとすると，$F(s) = K_\mathrm{P}$ となるから，その伝達関数は以下の式で表される．

$$H_\mathrm{P}(s) = \frac{K_\mathrm{P} G(s)}{1 + K_\mathrm{P} G(s)} = \frac{1}{1 + 1/(K_\mathrm{P} G(s))}$$

したがって，K_P を大きくしていけば，$H_\mathrm{P}(s)$ が1に近づき，理想の伝達関数に近づく．しかしながら，一般に K_P を大きくするとシステムが不安定になる．不安定性については，5.6.3項，5.9節で説明する．

次に積分要素について説明する．制御量を時間領域において $y(t)$ で表し，$F(0)$ と $G(0)$ が0でないとすれば，式 (4.32) より次式が成立する．

$$\lim_{t \to \infty} y(t) = \lim_{s \to 0} \frac{sF(s)G(s)U(s)}{1 + F(s)G(s)} = \lim_{s \to 0} \frac{sU(s)}{1 + 1/(F(s)G(s))} = \frac{1}{1 + 1/(F(0)G(0))} \lim_{t \to \infty} u(t)$$

この式は，基準動作信号が時間的に一定ならば，十分時間が経過すると，出力は基準動作信号の

$$\frac{1}{1 + 1/(F(0)G(0))}$$

倍になることを意味している．ここで積分要素，すなわち $1/s$ の項が $F(s)$ に存在すれば，$s \to 0$ で $F(0) \to \infty$ となるから，

$$\lim_{t \to \infty} y(t) = \lim_{t \to \infty} u(t)$$

となる．したがって，積分要素によって，時間が経過したときの制御量を基準動作信号に一致させることができる．この時間は時定数 T_I によって定まる．

微分要素については説明を略すが，微分要素によって基準信号や各要素のパラメータの変化などに対して，高速に対応できるようになる．

PID 制御の各要素のまとめ

● 比例要素は出力を直接入力にもどす要素である．このゲインが高いほど制御の精度が高くなるが，不安定になりやすい．

● 積分要素によって，比例部分だけでは残される目標値と出力との定常的な誤差を取り除くことができる．時定数を短くするほど短時間に定常誤差を解消できるが，不安定になりやすい．

● 微分要素によって，基準動作信号の急な変化や擾乱によって制御量出力が急に変化したときに，その変化の影響を比例要素より強く制御対象に伝達し，より素早く制御することが可能になる．時定数を長くするほど対応できる時間を長くできるが，逆に擾乱を引き起こしたり，不安定になりやすい．

ゲインや時定数は，目標とする精度 (入力に対する出力の応答の速さ，入力と出力の定常的な誤差) と安定性とのトレードオフで決められる．

5.6.3 振幅余裕と位相余裕

フィードバック系が不安定になる条件

- 開ループ伝達関数を $A(s)$ とおく.
- ある角周波数 ω と $k=0,\pm 1 \pm 2,\ldots$ に対して,

$$|A(i\omega)| > 1$$
$$\arg A(i\omega) = \pi + 2\pi k$$

が成立すると，フィードバック系が不安定になる.

フィードバック系では，ラプラス変換で表した開ループ伝達関数は $A(s) = W(s)G(s)F(s)$ である．これをフーリエ変換で表した伝達関数は s に $i\omega$ を代入した $A(i\omega)$ になる．また，$|A(i\omega)|$ を開ループゲインと呼ぶ．

基準入力を 0 として，この状況を説明する．制御動作信号に上の条件が成立する角周波数 ω の振幅が小さい正弦波が加わったものとする．フィードバック要素の出力は，位相が π ずれるので，はじめの正弦波の $-|A(i\omega)|$ 倍となる．それを -1 倍してシステムの制御動作信号に戻す．$|A(i\omega)| > 1$ であるから，はじめの正弦波と同じ位相で，振幅がより大きくなった角周波数

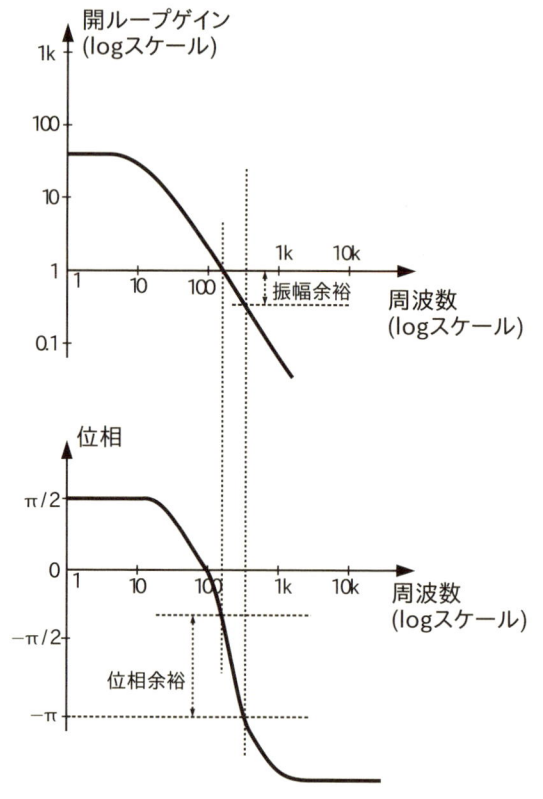

図 5.8 フィードバック系の振幅余裕・位相余裕

ω の正弦波が制御動作信号として加わることになる．そして，これが繰り返されるため，出力がますます大きくなり，制御系が不安定となる．

位相が π または $-\pi$ ずれたときの開ループゲインが，1より小さければこのような不安定性は生じない．図5.8は，開ループ伝達関数の振幅図と位相図である．図5.8に示すように，振幅余裕は，位相が π または $-\pi$ ずれるときのゲインの1に対する比を表す．

また，ゲインが1になるときに，位相のずれが $-\pi$ から π の中におさまっていれば，不安定性は生じない．図5.8に示すように，位相余裕は，ゲインが1のときの位相の π または $-\pi$ からの差の大きさを表す．

温度などの要因で $G(s)$ は変化するので，これらの余裕が大きいほど，フィードバック系が不安定になりにくくなる．また，PID制御における K_P などのゲインを大きくすると，開ループゲインが上昇するので，振幅余裕が少なくなり不安定になりやすいことがわかる．

5.7 可制御性と可観測性

5.7.1 可制御性と可観測性の定義と判定条件

> **可制御性と可観測性の定義**
>
> ● 可制御性： 任意の初期状態 $\boldsymbol{x}(0)$ から始まり，時刻 t_f において（t_f は有限），任意に定める状態 $\boldsymbol{x}(t_f)$ に遷移させる入力 $\boldsymbol{u}(t)$ が存在する．
> ● 可観測性： 任意の時刻 0 から時刻 t_f までの出力 $\boldsymbol{y}(t)$ を観測すると，$\boldsymbol{x}(0)$ が求まる．

可制御性がなければ，システムの状態を設定したい値にすることができない．したがって，制御理論では非常に重要な性質である．また，システムを設計する時，実現したい伝達関数が決まっていても，それを実現するための状態微分方程式は唯一ではない．最小実現とは，与えられた伝達関数を，もっとも少ない数の状態変数の線形システムで実現することを意味する．そのための必要十分条件が，そのシステムが可制御性かつ可観測性であることとして与えられている．言い換えれば，与えられた伝達関数を実現する可制御性かつ可観測性な線形システムが存在し，それが最小実現となる．

ここでは，時間の始まりを0としたが，任意の時刻を開始点とすることができる．

> **可制御性の判定条件**
>
> ● M 入力 N 次システムの可制御行列を次の (N, NM)-行列 $\boldsymbol{P}$ として定義する．
> $$\boldsymbol{P} = (\boldsymbol{B} \ \boldsymbol{AB} \ \boldsymbol{A}^2\boldsymbol{B} \ \cdots \ \boldsymbol{A}^{N-1}\boldsymbol{B}) \tag{5.54}$$

- システムが可制御であるための必要十分条件は，P の階数が N であることである．

行列 P は，$B, AB, \cdots, A^{N-1}B$ の要素を並べてできる行列を意味している．

可観測の判定条件

- K 出力 N 次システムにおいて，可観測行列 Q を次の (N, NK)-行列として定義する．
$$Q = (C^T \ A^T C^T \ (A^T)^2 C^T \ \cdots \ (A^T)^{N-1} C^T) \quad (5.55)$$
- システムが可観測であるための必要十分条件は，この Q の階数が N であることである．

可観測性に関しても，可制御性と同様に判定できる．

グラミアン

- 次の可制御性グラミアン (controllability gramian) が可逆ならば可制御である．
$$G_{\mathrm{C}} = \int_0^{t_f} e^{A(t_f-\tau)} B \left(e^{A(t_f-\tau)} B\right)^T d\tau \quad (5.56)$$
- 次の可観測性グラミアン (observability grammian) が可逆ならば可観測である．
$$G_{\mathrm{O}} = \int_0^{t_f} \left(C e^{A\tau}\right)^T C e^{A\tau} d\tau \quad (5.57)$$
- グラミアンによって，可・不可を決めることができるだけではなく，$x(t_f)$ を設定した値にするための入力，出力から $x(0)$ を推定する処理を記述することができる．

グラミアン (gramian matrix) は分野によってはグラム行列 (gram matrix) と呼ばれる．可制御のための入力や可観測のための処理については，その証明中に示す．

5.7.2 可制御性の判定例

証明は後に回して判定例を示す．まず，可制御性の例を示す．

例 1
$$A = \begin{pmatrix} 1 & 0 \\ 0 & 2 \end{pmatrix} \quad B = \begin{pmatrix} 1 \\ 0 \end{pmatrix}$$

とする．このとき，
$$P = \left(\begin{pmatrix} 1 \\ 0 \end{pmatrix} \begin{pmatrix} 1 & 0 \\ 0 & 2 \end{pmatrix} \begin{pmatrix} 1 \\ 0 \end{pmatrix}\right) = \begin{pmatrix} 1 & 2 \\ 0 & 0 \end{pmatrix}$$

となり，P の階数が 1 となるので可制御ではない．この A では x_1 と x_2 が分離していて，1

つの入力から両方の状態量を制御することはできないためである．

$$A = \begin{pmatrix} 2 & 1 \\ 1 & 2 \end{pmatrix} \quad B = \begin{pmatrix} 1 \\ 0 \end{pmatrix}$$

このとき，

$$P = \left(\begin{pmatrix} 1 \\ 0 \end{pmatrix} \quad \begin{pmatrix} 2 & 1 \\ 1 & 2 \end{pmatrix} \begin{pmatrix} 1 \\ 0 \end{pmatrix} \right) = \begin{pmatrix} 1 & 2 \\ 0 & 1 \end{pmatrix}$$

となり，$|P| = 1 \neq 0$ であるから，P の階数が 2 となるので可制御である．このとき，1 つの入力で 2 つの状態量を制御できることに注意が必要である．

例 2

$$A = \begin{pmatrix} 2 & 1 \\ 1 & 2 \end{pmatrix} \quad B = \begin{pmatrix} 1 \\ 1 \end{pmatrix}$$

このとき，

$$P = \left(\begin{pmatrix} 1 \\ 1 \end{pmatrix} \quad \begin{pmatrix} 2 & 1 \\ 1 & 2 \end{pmatrix} \begin{pmatrix} 1 \\ 1 \end{pmatrix} \right) = \begin{pmatrix} 1 & 3 \\ 1 & 3 \end{pmatrix}$$

となり，$|P| = 0$ となるために可制御ではない．対称な状態 (x_1 と x_2 を入れ替えても同じ方程式になる) に対する入力が同じになり，それぞれを独立に制御することができないためである．B の列ベクトルが A の固有ベクトルである場合は，A を何回かけてもその列ベクトルに対しては，はじめのベクトルの定数倍にしかならないため，たとえば，入力が 1 個の場合は P の階数は 1 になる．

例 3

$$A = \begin{pmatrix} 2 & 0 \\ 0 & 2 \end{pmatrix} \quad B = \begin{pmatrix} 0 & 1 \\ 1 & 0 \end{pmatrix}$$

このとき，

$$P = \left(\begin{pmatrix} 0 & 1 \\ 1 & 0 \end{pmatrix} \quad \begin{pmatrix} 2 & 0 \\ 0 & 2 \end{pmatrix} \begin{pmatrix} 0 & 1 \\ 1 & 0 \end{pmatrix} \right) = \begin{pmatrix} 0 & 1 & 0 & 2 \\ 1 & 0 & 2 & 0 \end{pmatrix}$$

となり，1 番目と 2 番目の列ベクトルが 1 次独立で，P の階数が 2 となるので可制御である．

例 4

$$A = \begin{pmatrix} 1 & 2 & 1 \\ 2 & 1 & 2 \\ 1 & 2 & 1 \end{pmatrix} \quad B = \begin{pmatrix} 1 \\ 0 \\ 0 \end{pmatrix}$$

このとき，

$$P = \left(\begin{pmatrix} 1 \\ 0 \\ 0 \end{pmatrix} \quad \begin{pmatrix} 1 & 2 & 1 \\ 2 & 1 & 2 \\ 1 & 2 & 1 \end{pmatrix} \begin{pmatrix} 1 \\ 0 \\ 0 \end{pmatrix} \quad \begin{pmatrix} 1 & 2 & 1 \\ 2 & 1 & 2 \\ 1 & 2 & 1 \end{pmatrix}^2 \begin{pmatrix} 1 \\ 0 \\ 0 \end{pmatrix} \right) = \begin{pmatrix} 1 & 1 & 6 \\ 0 & 2 & 6 \\ 0 & 1 & 6 \end{pmatrix}$$

となり，$|P|=6$ となるので，可制御である．

例5
$$A = \begin{pmatrix} 1 & 2 & 1 \\ 2 & 1 & 2 \\ 1 & 2 & 1 \end{pmatrix} \quad C = \begin{pmatrix} 0 \\ 1 \\ 0 \end{pmatrix}$$

このとき，
$$P = \left(\begin{pmatrix} 0 \\ 1 \\ 0 \end{pmatrix} \begin{pmatrix} 1 & 2 & 1 \\ 2 & 1 & 2 \\ 1 & 2 & 1 \end{pmatrix} \begin{pmatrix} 1 \\ 0 \\ 0 \end{pmatrix} \begin{pmatrix} 1 & 2 & 1 \\ 2 & 1 & 2 \\ 1 & 2 & 1 \end{pmatrix}^2 \begin{pmatrix} 0 \\ 1 \\ 0 \end{pmatrix} \right) = \begin{pmatrix} 0 & 2 & 6 \\ 1 & 1 & 9 \\ 0 & 2 & 6 \end{pmatrix}$$

となり，$|P|=0$ となるので可制御でない．このシステムでは，x_1 と x_3 が対称 (x_1 と x_3 を入れ替えても同じ式が成立する) であり，x_2 から x_1 と x_3 への作用が同じであるため，x_2 しか入力がない B では，x_1 と x_2 を独立に制御することができないためである．

5.7.3 可観測性の判定例
可観測性は，A^T，C^T を A，B としたときの可制御と同じである．
$$A = \begin{pmatrix} 2 & 3 \\ 1 & 2 \end{pmatrix} \quad C = \begin{pmatrix} 1 & 1 \end{pmatrix}$$

このとき，
$$Q = \left(\begin{pmatrix} 1 \\ 1 \end{pmatrix} \begin{pmatrix} 2 & 1 \\ 3 & 2 \end{pmatrix} \begin{pmatrix} 1 \\ 1 \end{pmatrix} \right) = \begin{pmatrix} 1 & 3 \\ 1 & 5 \end{pmatrix}$$

となり，$|Q|=2 \neq 0$ であるから，Q の階数が 2 となるので可観測である．このとき，1つの出力で2つの状態量の値がわかることに注意が必要である．

$$A = \begin{pmatrix} 3 & 3 & 3 \\ 4 & 1 & 2 \\ 2 & -1 & -2 \end{pmatrix} \quad B = \begin{pmatrix} 2 & 1 & 1 \end{pmatrix}$$

このとき，
$$Q = \left(\begin{pmatrix} 2 \\ 1 \\ 1 \end{pmatrix} \begin{pmatrix} 3 & 4 & 2 \\ 3 & 1 & -1 \\ 3 & 2 & -2 \end{pmatrix} \begin{pmatrix} 2 \\ 1 \\ 1 \end{pmatrix} \begin{pmatrix} 3 & 4 & 2 \\ 3 & 1 & -1 \\ 3 & 2 & -2 \end{pmatrix}^2 \begin{pmatrix} 2 \\ 1 \\ 1 \end{pmatrix} \right) = \begin{pmatrix} 2 & 12 & 72 \\ 1 & 6 & 36 \\ 1 & 6 & 36 \end{pmatrix}$$

となり，Q の行列式が 0 になるため可観測ではない．

5.7.4 ケーリー–ハミルトンの定理

ケーリー–ハミルトンの定理

- $f(\lambda)$ を次式で定義する ($\boldsymbol{A}$ の固有方程式のための λ の多項式).

$$f(\lambda) = |\lambda \boldsymbol{I} - \boldsymbol{A}|$$

- $f(\lambda)$ の λ に $\boldsymbol{A}$ を代入するとゼロ行列 $\boldsymbol{O}$ になる.

$$f(\boldsymbol{A}) = \boldsymbol{O}$$

まず,ケーリー–ハミルトンの定理 (Cayley-Hamilton's theorem) を証明する.$\tilde{\boldsymbol{B}}$ を,$\boldsymbol{B} = \lambda\boldsymbol{I} - \boldsymbol{A}$ の余因子行列とする ($\boldsymbol{B}$ の余因子行列の (i,j)-要素は,$\boldsymbol{B}$ の第 i 列,第 j 行を除いた小行列式に $(-1)^{i+j}$ をかけたもの).このとき,余因子行列の各要素は余因子であり,$(N-1)$ 次正方行列の行列式であるから,λ の多項式としては,$N-1$ 次以下の多項式である.したがって,

$$\tilde{\boldsymbol{B}}^T = \boldsymbol{C}_{N-1}\lambda^{N-1} + \boldsymbol{C}_{N-2}\lambda^{N-2} + \cdots + \boldsymbol{C}_0 \tag{5.58}$$

と書くことができる.また,$\tilde{\boldsymbol{B}}^T$ は $\lambda\boldsymbol{I} - \boldsymbol{A}$ 余因子行列の転置であるから,$\lambda\boldsymbol{I} - \boldsymbol{A}$ の逆行列の $|\lambda\boldsymbol{I} - \boldsymbol{A}|$ 倍である.したがって,

$$\tilde{\boldsymbol{B}}^T(\lambda\boldsymbol{I} - \boldsymbol{A}) = (\lambda\boldsymbol{I} - \boldsymbol{A})\tilde{\boldsymbol{B}}^T = |\lambda\boldsymbol{I} - \boldsymbol{A}|\boldsymbol{I} = f(\lambda)\boldsymbol{I} \tag{5.59}$$

が成立する.前半の等式に式 (5.58) を代入して,λ のべき乗で整理すれば,

$$(-\boldsymbol{C}_{N-1}\boldsymbol{A} + \boldsymbol{A}\boldsymbol{C}_{N-1})\lambda^{N-1} + (-\boldsymbol{C}_{N-2}\boldsymbol{A} + \boldsymbol{A}\boldsymbol{C}_{N-2})\lambda^{N-2} + \cdots + (-\boldsymbol{C}_0\boldsymbol{A} + \boldsymbol{A}\boldsymbol{C}_0) = \boldsymbol{O} \tag{5.60}$$

が成立する.これが任意の λ に対して成立するので,$\boldsymbol{A}$ と $\boldsymbol{C}_{N-1}, \boldsymbol{C}_{N-2}, \cdots, \boldsymbol{C}_0$ は可換である.したがって,式 (5.58),(5.59) より,λ の多項式

$$f(\lambda)\boldsymbol{I} = (\lambda\boldsymbol{I} - \boldsymbol{A})(\boldsymbol{C}_{N-1}\lambda^{N-1} + \boldsymbol{C}_{N-2}\lambda^{N-2} + \cdots + \boldsymbol{C}_0) \tag{5.61}$$

に,$\boldsymbol{A}$ を代入しても現れる行列の積がすべて可換であるため等号が成立する.したがって,

$$f(\boldsymbol{A}) = f(\boldsymbol{A})\boldsymbol{I} = (\boldsymbol{A}\boldsymbol{I} - \boldsymbol{A})(\boldsymbol{C}_{N-1}\boldsymbol{A}^{N-1} + \boldsymbol{C}_{N-2}\boldsymbol{A}^{N-2} + \cdots + \boldsymbol{C}_0) = \boldsymbol{O} \tag{5.62}$$

となり定理が成立する.

証明の最後の部分がわかりにくい場合は,次のように考えれば良い.式 (5.61) を展開すれば,

$$f(\lambda)\boldsymbol{I} = \boldsymbol{D}_N\lambda^N + \boldsymbol{D}_{N-1}\lambda^{N-1} + \cdots + \boldsymbol{D}_0 \tag{5.63}$$

と変形することができる.$\boldsymbol{D}_i$ $(i = 0, 1, \ldots, N)$ は,$\boldsymbol{A}$ と $\boldsymbol{C}_i$ $(i = 0, 1, \ldots, N-1)$ で構成される.このとき,$\boldsymbol{A}$,$\boldsymbol{C}_i$,$\boldsymbol{I}$ の積が可換であるので,

$$f(\boldsymbol{A})\boldsymbol{I} = \boldsymbol{D}_N\boldsymbol{A}^N + \boldsymbol{D}_{N-1}\boldsymbol{A}^{N-2} + \cdots + \boldsymbol{D}_0$$

に対して,式 (5.61) から式 (5.63) を得た展開と逆の過程を辿ることが可能で,その操作により式 (5.62) を得ることができる.

5.7.5 可制御の判定条件の証明

> **補　　題**
>
> ● N 次正方行列 $\boldsymbol{A}$ の固有方程式の相異なる解を $\lambda_1, \lambda_2, \ldots, \lambda_M$ とし，その方程式における λ_m の多重度を N_m とする．すなわち，次式が成立する．
>
> $$|\lambda \boldsymbol{I} - \boldsymbol{A}| = (\lambda - \lambda_1)^{N_1}(\lambda - \lambda_2)^{N_2} \cdots (\lambda - \lambda_M)^{N_M} \quad (N_1 + N_2 + \cdots + N_M = N) \quad (5.64)$$
>
> ● t をパラメータと考えて，λ の $N-1$ 次多項式 $r_t(\lambda)$ を
>
> $$r_t(\lambda) = \beta_0(t) + \beta_1(t)\lambda + \cdots + \beta_{N-1}(t)\lambda^{N-1} \quad (5.65)$$
>
> とおく．ここで $\beta_k(t)$ は，$r_t(\lambda)$ が $j = 0, 1, 2, \ldots, N_m - 1$, $m = 1, 2, \ldots, M$ に対して，
>
> $$\left. \frac{d^j}{d\lambda^j} r_t(\lambda) \right|_{\lambda = \lambda_m} = t^j e^{\lambda_m t} \quad (5.66)$$
>
> となるように選ぶものとする．式 (5.66) は，t を固定して $\beta_k(t)$ $(k = 0, 1, \ldots, N-1)$ を求めるもので，N 個の変数 $(\beta_0(t), \beta_1(t), \ldots, \beta_{N-1}(t))$ に対する連立 1 次方程式である．
>
> ● 次式が成立する．
>
> $$r_t(\boldsymbol{A}) = e^{\boldsymbol{A}t}$$

定理を証明するために上の補題を準備した．この補題の証明は以下の通りである．

$f_t(\lambda) = e^{\lambda t}$ とおく．式 (5.66) より，$j = 0, 1, 2, \ldots, N_m - 1$ で，

$$\left. \frac{d^j}{d\lambda^j} (r_t(\lambda) - f_t(\lambda)) \right|_{\lambda = \lambda_m} = t^j e^{\lambda_m t} - t^j e^{\lambda_m t} = 0$$

が成立する．したがって，$r_t(\lambda) - f_t(\lambda) = 0$ の解は，特性方程式の解をその多重度以上で含んでいる．したがって，ある関数 $g(\lambda)$ に対して，

$$r_t(\lambda) - f_t(\lambda) = |\lambda \boldsymbol{I} - \boldsymbol{A}| g(\lambda)$$

と書くことができる．したがって，ケーリー–ハミルトンの定理より，

$$r_t(\boldsymbol{A}) - f_t(\boldsymbol{A}) = \boldsymbol{O} \cdot g(\boldsymbol{A}) = \boldsymbol{O}$$

となり，補題が成立する．ここで $g(\boldsymbol{A})$ は，$g(\lambda)$ を λ の多項式と考え，λ に $\boldsymbol{A}$ を代入し定義する．

可制御の判定条件を証明する．まず，必要性を示す．上の補題より，

$$e^{\boldsymbol{A}t} = \beta_0(t)\boldsymbol{I} + \beta_1(t)\boldsymbol{A} + \cdots + \beta_{N-1}(t)\boldsymbol{A}^{N-1}$$

とおくことができる．次に，

$$\boldsymbol{h}_i = \int_0^{t_f} \beta_i(t_f - \tau)\boldsymbol{u}(\tau)d\tau$$

とおけば，線形システムの解の式 (5.17) から次式が成立する．

$$\boldsymbol{x}(t_f) - e^{\boldsymbol{A}t_f}\boldsymbol{x}(0) = \int_0^{t_f} e^{\boldsymbol{A}(t_f-\tau)}\boldsymbol{B}\boldsymbol{u}(\tau)d\tau = \int_0^{t_f} r_{t_f - \tau}(\boldsymbol{A})\boldsymbol{B}\boldsymbol{u}(\tau)d\tau$$

$$= \sum_{i=0}^{N-1} \int_0^{t_f} \beta_i(t_f-\tau)\boldsymbol{A}^i\boldsymbol{B}\boldsymbol{u}(\tau)d\tau = \sum_{i=0}^{N-1} \boldsymbol{A}^i\boldsymbol{B}\int_0^{t_f} \beta_i(t_f-\tau)\boldsymbol{u}(\tau)d\tau$$

$$= \boldsymbol{B}\boldsymbol{h}_0 + \boldsymbol{A}\boldsymbol{B}\boldsymbol{h}_1 + \cdots + \boldsymbol{A}^{N-1}\boldsymbol{B}\boldsymbol{h}_{N-1} = \boldsymbol{P}\begin{pmatrix}\boldsymbol{h}_0 \\ \boldsymbol{h}_1 \\ \vdots \\ \boldsymbol{h}_{N-1}\end{pmatrix}$$

任意の $\boldsymbol{x}(t_f)$ を実現できるならば，その $\boldsymbol{x}(t_f)$ に対して，この方程式が解を持つ必要がある．そのためには $\boldsymbol{P}$ のランクが N でなければならない．

次に，十分性を示す．$\boldsymbol{P}$ のランクが N であるとする．このとき，式 (5.56) の可観測性グラミアンが $\boldsymbol{G}_C$ が可逆であることを示す．可逆でないとすると，$\boldsymbol{G}_C$ は対称行列であるから，$\langle \boldsymbol{h}, \boldsymbol{G}_C \boldsymbol{h}\rangle = 0$ となる $\boldsymbol{h}(\neq \boldsymbol{0})$ が存在する．したがって，

$$0 = \langle \boldsymbol{h}, \boldsymbol{G}_C \boldsymbol{h}\rangle = \int_0^{t_f} \left\|\left(e^{\boldsymbol{A}(t_f-\tau)}\boldsymbol{B}\right)^T \boldsymbol{h}\right\|^2 d\tau$$

となり，

$$\left(e^{\boldsymbol{A}(t_f-\tau)}\boldsymbol{B}\right)^T \boldsymbol{h} = \boldsymbol{0}$$

が成立する．この関係を τ で $i = 0, 1, \ldots, N-1$ 回微分して，$\tau = t_f$ とおけば，

$$\boldsymbol{h}^T \boldsymbol{A}^i \boldsymbol{B} = \boldsymbol{0}$$

となる．したがって，

$$\boldsymbol{h}^T \boldsymbol{P} = \boldsymbol{0}$$

が成立し，$\boldsymbol{h}$ が $\boldsymbol{P}$ の値域に入っていないことになり，$\boldsymbol{P}$ のランクが N であることに反する．

したがって，$\boldsymbol{P}$ のランクが N ならば，$\boldsymbol{G}_C$ が可逆となる．このとき，任意のベクトル $\boldsymbol{p}$ に対して，$\boldsymbol{x}(t_f) = \boldsymbol{p}$ としたい場合，

$$\boldsymbol{u}(t) = \left(e^{\boldsymbol{A}(t_f-t)}\boldsymbol{B}\right)^T \boldsymbol{G}_C^{-1}\left(\boldsymbol{p} - e^{\boldsymbol{A}t_f}\boldsymbol{x}(0)\right)$$

とすれば，

$$\boldsymbol{x}(t_f) = e^{\boldsymbol{A}t_f}\boldsymbol{x}(0) + \int_0^{t_f} e^{\boldsymbol{A}(t_f-\tau)}\boldsymbol{B}\boldsymbol{u}(\tau)d\tau$$

$$= e^{\boldsymbol{A}t_f}\boldsymbol{x}(0) + \int_0^{t_f} e^{\boldsymbol{A}(t_f-\tau)}\boldsymbol{B}\boldsymbol{B}^T\left(e^{\boldsymbol{A}(t_f-\tau)}\right)^T \boldsymbol{G}_C^{-1}\left(\boldsymbol{p} - e^{\boldsymbol{A}t_f}\boldsymbol{x}(0)\right)d\tau$$

$$= e^{\boldsymbol{A}t_f}\boldsymbol{x}(0) + \boldsymbol{G}_C \boldsymbol{G}_C^{-1}\left(\boldsymbol{p} - e^{\boldsymbol{A}t_f}\boldsymbol{x}(0)\right)$$

$$= \boldsymbol{p}$$

となる．$\boldsymbol{x}(t_f)$ を任意の状態 $\boldsymbol{p}$ にセットすることが可能なので，可制御である．

5.7.6 可観測性の判定条件の証明の概要

出力方程式の解は次式で与えられる.

$$y(t_f) = Ce^{At_f}x(0) + C\int_0^{t_f} e^{A(t_f-\tau)}Bu(\tau)d\tau + Du(t_f)$$

ここで,$u(t)$ は既知であり,上式の第 2 項,第 3 項は求めることができるので,出力 $y(t)$ から差し引くことができる.したがって,$u(t) = 0$ の場合 (自由システム,自由応答システム,ゼロ入力システム) において,可観測であることを示せばよい.その状態方程式と出力方程式は次のようになる.

$$\dot{x}(t) = Ax(t)$$
$$y(t) = Cx(t)$$

可制御性の場合と同様に,Q の階数が N ならば,式 (5.57) を可観測性グラミアン G_O が可逆になることが証明できる.したがって,観測された出力を使って,

$$q = G_O^{-1}\int_0^{t_f}\left\{Ce^{A\tau}\right\}^T y(\tau)d\tau \tag{5.67}$$

とおく.ゼロ入力システムでは出力は,

$$y(t) = Ce^{At}x(0)$$

となるので,

$$q = G_O^{-1}\int_0^{t_f}\left\{Ce^{A\tau}\right\}^T Ce^{A\tau}x(0)d\tau = G_O^{-1}G_O x(0) = x(0)$$

が成立する.この式は,状態 $x(0)$ が出力 $y(t)$ ($0 \le t \le t_f$) から式 (5.67) によって計算できることを示しているので,可観測である.必要性に関しても可制御と同様に証明できる.

5.8 最小実現

同値変形

● 式 (5.1), (5.2) で与えられる線形システムで,正則な行列 T に対して,以下の変換を考える.

$$\bar{x} = Tx \tag{5.68}$$
$$\overline{A} = TAT^{-1} \tag{5.69}$$
$$\overline{B} = TB \tag{5.70}$$
$$\overline{C} = CT^{-1} \tag{5.71}$$

● 次の線形システムは，式 (5.1)，(5.2) と同じ伝達関数を与える．

$$\dot{\bar{x}} = \overline{A}\bar{x} + \overline{B}u \tag{5.72}$$

$$y = \overline{C}\bar{x} + Du \tag{5.73}$$

これは，式 (5.68)～(5.71) を，式 (5.72)，(5.73) に代入すれば明らかである．

カルマンの正準分解

● 式 (5.1)，(5.2) で与えられる線形システムを，ある同値変換 T を使って，以下のように記述できる．

$$\dot{\tilde{x}} = \widetilde{A}\tilde{x} + \widetilde{B}u \tag{5.74}$$

$$y = \widetilde{C}\tilde{x} + Du \tag{5.75}$$

ただし，$\widetilde{A}$，$\widetilde{B}$，$\widetilde{C}$ は次のように書くことができる．

$$\widetilde{A} = \begin{pmatrix} \widetilde{A}^{11} & \widetilde{A}^{12} & \widetilde{A}^{13} & \widetilde{A}^{14} \\ O & \widetilde{A}^{22} & O & \widetilde{A}^{24} \\ O & O & \widetilde{A}^{33} & \widetilde{A}^{34} \\ O & O & O & \widetilde{A}^{44} \end{pmatrix} \tag{5.76}$$

$$\widetilde{B} = \begin{pmatrix} \widetilde{B}^1 \\ \widetilde{B}^2 \\ O \\ O \end{pmatrix} \tag{5.77}$$

$$\widetilde{C} = \begin{pmatrix} O & C^2 & O & C^4 \end{pmatrix} \tag{5.78}$$

分解した行列の一部を使って，線形システムを構成することができる．たとえば，

$$\widetilde{A}_\mathrm{C} = \begin{pmatrix} \widetilde{A}^{11} & \widetilde{A}^{12} \\ O & \widetilde{A}^{22} \end{pmatrix} \tag{5.79}$$

$$\widetilde{B}_\mathrm{C} = \begin{pmatrix} B^1 \\ B^2 \end{pmatrix} \tag{5.80}$$

でシステムを構成すると可制御になる．また，

$$\widetilde{A}_\mathrm{O} = \begin{pmatrix} \widetilde{A}^{22} & \widetilde{A}^{24} \\ O & \widetilde{A}^{44} \end{pmatrix} \tag{5.81}$$

$$\widetilde{C}_\mathrm{O} = \begin{pmatrix} \widetilde{C}^2 & \widetilde{C}^4 \end{pmatrix} \tag{5.82}$$

でシステムを構成すると可観測となる．

> **最小実現の定理**
>
> - 線形システムに対してカルマンの正準分解を行ったとき，次の線形システムは，もとの線形システムと同じ伝達関数を与える．
>
> $$\dot{\hat{x}} = \widetilde{\boldsymbol{A}}^{22}\hat{\boldsymbol{x}} + \widetilde{\boldsymbol{B}}^{2}\boldsymbol{u} \tag{5.83}$$
>
> $$\boldsymbol{y} = \widetilde{\boldsymbol{C}}^{2}\hat{\boldsymbol{x}} + \boldsymbol{D}\boldsymbol{u} \tag{5.84}$$
>
> - その伝達関数を与える線形システムの中では，この線形システムの次数は最小になる．
> - この線形システムは，可制御かつ可観測である．

両者の伝達関数 $\boldsymbol{H}(s)$ が等しいため，次式が成立する．

$$\boldsymbol{H}(s) = \boldsymbol{C}(s\boldsymbol{I}-\boldsymbol{A})^{-1}\boldsymbol{B} + \boldsymbol{D} = \boldsymbol{B}^{2}(s\boldsymbol{I}-\boldsymbol{A}^{22})^{-1}\boldsymbol{C}^{2} + \boldsymbol{D} \tag{5.85}$$

また，システムが可観測または可制御でない場合，それより小さな可観測かつ可制御なシステムが存在することがわかる．

5.9 安 定 性

> **安定，漸近安定**
>
> - システムが安定： 入力が $\boldsymbol{0}$ のとき，状態が初期値によらず発散しない．
> - 「システムが安定」を数式で書けば，以下のようになる．
> $\boldsymbol{u}(t) = \boldsymbol{0}$ のとき，任意の正数 M_1 に対して，$\|\boldsymbol{x}(0)\| < M_1$ ならば，t と $\boldsymbol{x}(0)$ に依存せず (M_1 には依存してよい) M_2 が存在して，$\|\boldsymbol{x}(t)\| < M_2$ が成立する．
> - 不安定： 安定でない．
> - システムが漸近安定： 入力が $\boldsymbol{0}$ のときに，状態 (出力) が初期値によらず $\boldsymbol{0}$ に収束する (安定より条件が強い)．
> - 漸近安定であるための必要十分条件は，N 次方程式 $|\lambda\boldsymbol{I} - \boldsymbol{A}| = 0$ の解 ($\boldsymbol{A}$ の固有値) の実部が負であることである．

理論的に考えれば，システムは出力さえ安定であれば良いが，実際には状態が発散してしまうものは，実現することができないため，状態も発散しないようにする必要がある．

たとえば，次式で与えられる積分回路 (伝達関数は $1/s$)

$$\dot{x}(t) = u(t) \tag{5.86}$$

($y(t) = x(t)$) は入力が一定ならば，出力はその入力に時間をかけたものになるので，時間とと

もに発散する．しかし，積分回路は不安定とは言わない．したがって，線形システムの安定性を考えるために，入力を $\mathbf{0}$ に限っている．積分回路は入力が 0 ならば，出力は初期値のままである $(x(t) = x(0))$．

漸近安定は，安定よりも条件が強く，状態 (出力) が $\mathbf{0}$ に収束しなくてはいけない．積分回路の場合は，入力が 0 の場合は初期値で一定となるため，漸近安定ではない．

次に，漸近安定であるための必要十分条件を証明する．N 次方程式 $|\lambda \mathbf{I} - \mathbf{A}| = 0$ の相異なる解を $\lambda_1, \lambda_2, \ldots, \lambda_M$ とし，その方程式における λ_m の多重度を N_m とする．今，

$$\mathcal{L}\left[e^{\mathbf{A}t}\right] = (s\mathbf{I} - \mathbf{A})^{-1}$$

が成立している．右辺の行列の要素は s の有理式であり，分子の次数は分母より 1 少ない．それを部分分数展開すれば，その中に現れる項は，

$$\frac{1}{s - \lambda_m}, \frac{1}{(s - \lambda_m)^2}, \ldots, \frac{1}{(s - \lambda_m)^{N_m - 1}}$$

$(m = 1, 2, \ldots, M)$ だけである．したがって，それを逆ラプラス変換をしたものに現れる項は，$e^{\lambda_m t}, te^{\lambda_m t}, \ldots, t^{N_m - 1}e^{\lambda_m t}$ $(m = 1, 2, \ldots, M)$ だけとなる．したがって，λ_m の実部が負ならばすべての項が収束するため，$e^{\mathbf{A}t}$ が $\mathbf{O}$ に収束する．入力がなければ，$\dot{\mathbf{x}}(t) = \mathbf{A}\mathbf{x}(t)$ が成立するので，次式が成立する．

$$\mathbf{x}(t) = e^{\mathbf{A}t}\mathbf{x}(0)$$

このとき，$e^{\mathbf{A}t}$ が $\mathbf{O}$ に収束すれば，$\mathbf{x}(t)$ が $\mathbf{0}$ に収束し，漸近安定となる．

有界入力・有界出力安定性 (b.i.b.o.)

- 有界入力・有界出力安定性： 状態の初期値が 0 のとき，入力が有界ならば出力も有界
- b.i.b.o.： bounded input bounded output stability
- b.i.b.o. を数式で書けば，以下のようになる．

  初期値 $\mathbf{x}(0) = \mathbf{0}$ の場合，任意の正数 M_1 に対して正数 M_2 が存在して，$\|\mathbf{u}(t)\| < M_1$ ならば $\|\mathbf{y}(t)\| < M_2$ が成立する．

たとえば，積分回路は一定の入力に対して，出力の絶対値が時間に比例して大きくなり，発散するため，b.i.b.o. ではない．

有界入力・有界出力安定であるための必要十分条件

- N 次方程式 $|\lambda \mathbf{I} - \mathbf{A}| = 0$ の解の実部がすべて負である．

この定理を証明する．伝達関数は $\mathbf{H}(s) = (s\mathbf{I} - \mathbf{A})^{-1}\mathbf{C} + \mathbf{D}$ となるが，これが b.i.b.o. であるための必要十分条件は，線形システムであるから入力のそれぞれの成分に対して出力の各

成分が b.i.b.o であることである．したがって，1入力1出力で示せば良い．この場合の伝達関数は $\boldsymbol{c}^T(s\boldsymbol{I}-\boldsymbol{A})^{-1}\boldsymbol{b}+d$ となる．伝達関数の極は $|s\boldsymbol{I}-\boldsymbol{A}|=0$ の解だけである．伝達関数を時間関数にしたものを $h(t)$ とすれば，すべての解の実部が負であれば，$|h(t)|$ は振動することがあっても，その包絡線は指数関数的に減少するため，

$$\int_0^\infty |h(t)|dt \tag{5.87}$$

は有限の値を取る．このとき，

$$|y(t)| = \left|\int_0^t h(t-\tau)u(\tau)d\tau\right| \leq \int_0^t |h(t-\tau)||u(\tau)|d\tau \leq M_1 \int_0^\infty |h(t-\tau)|d\tau$$

となるので，

$$M_2 = M_1 \int_0^\infty |h(t)|dt$$

とすることによって，漸近安定性が成立することが分かる．

逆に，実部が負でない解が存在するときに b.i.b.o. であると仮定する．仮定より，$M_1 = 1.1$ に対して $|y(t)| \leq M_2$ となる M_2 が存在する．いま，式 (5.87) は発散するので，

$$\int_0^{t_1} |h(\tau)|d\tau > M_2$$

となる t_1 が存在する．ここで，入力を

$$u(\tau) = \begin{cases} 1 & h(t_1-\tau) > 0 \\ -1 & h(t_1-\tau) < 0 \end{cases} \tag{5.88}$$

と定めれば，$u(t) < M_1$ であり，

$$|y(t_1)| = \left|\int_0^{t_1} h(t_1-\tau)u(t)d\tau\right| \leq \int_0^{t_1} |h(\tau)|d\tau > M_2$$

となり，$|y(t)|$ の条件に反し b.i.b.o. でないことが証明できる．

5.9.1 ラウス–フルヴィッツの方法

フルヴィッツ行列

● s の n 次多項式

$$a_n s^n + a_{n-1}s^{n-1} + a_{n-2}s^{n-2} + \cdots + a_0 \tag{5.89}$$

に対して，フルヴィッツ行列（(n,n)-行列）を，次のように定義する．

$$\boldsymbol{H} = \begin{pmatrix} a_{n-1} & a_{n-3} & a_{n-5} & a_{n-7} & \cdots & a_{3-n} & a_{1-n} \\ a_n & a_{n-2} & a_{n-4} & a_{n-6} & \cdots & a_{4-n} & a_{2-n} \\ 0 & a_{n-1} & a_{n-3} & a_{n-5} & \cdots & a_{5-n} & a_{3-n} \\ 0 & a_n & a_{n-2} & a_{n-4} & \cdots & a_{6-n} & a_{4-n} \\ 0 & 0 & a_{n-1} & a_{n-3} & \cdots & a_{7-n} & a_{5-n} \\ 0 & 0 & a_n & a_{n-2} & \cdots & a_{8-n} & a_{6-n} \\ \cdots & \cdots & \cdots & \cdots & \cdots & \cdots & \cdots \\ 0 & 0 & 0 & 0 & \cdots & a_2 & a_0 \end{pmatrix} \quad (5.90)$$

たとえば，a_{1-n} は $n=2$ のとき a_{-1} となり，そのような係数は式 (5.89) に存在しない．このように，添字が負になる成分はすべて 0 にする．

フルヴィッツ行列 (Hurwitz matrix) によって，多項式の解の実部がすべて負であるかどうか調べることができる．したがって，線形システムが漸近安定かどうか，b.i.b.o. かどうか調べることができる．

ラウス–フルヴィッツの方法

- 多項式のフルヴィッツ行列 $\boldsymbol{H}$ の k 次主座小行列式 H_k を，$\boldsymbol{H}$ の 1 行から k 行まで，1 列から k 列までを取り出した，(k,k) 行列の行列式と定義する．
- $a_n > 0$ のとき，n 次多項式のすべての解の実部が負であるための条件は，次の 2 つが成立することである．
  - $a_0, a_1, \ldots, a_{n-1}$ がすべて正．
  - $H_1, H_2, \ldots, H_n$ がすべて正．

ラウス–フルヴィッツの方法 (Routh–Hurwitz stability criterion) の例を示す．$a_3 > 0$ として，3 次方程式

$$a_3 s^3 + a_2 s^2 + a_1 s + a_0 = 0 \quad (5.91)$$

のフルヴィッツ行列は，

$$\boldsymbol{H} = \begin{pmatrix} a_2 & a_0 & 0 \\ a_3 & a_1 & 0 \\ 0 & a_2 & a_0 \end{pmatrix} \quad (5.92)$$

となる．したがって，$a_3 = 1 > 0$ であるから，この方程式の解の実部がすべて負であるためには，

$a_0 > 0, \quad a_1 > 0, \quad a_2 > 0,$

$H_1 = \begin{vmatrix} a_2 \end{vmatrix} > 0, \quad H_2 = \begin{vmatrix} a_2 & a_0 \\ a_3 & a_1 \end{vmatrix} > 0, \quad H_3 = \begin{vmatrix} a_2 & a_0 & 0 \\ a_3 & a_1 & 0 \\ 0 & a_2 & a_0 \end{vmatrix} > 0$

が成立すれば良い．

5.10 現代制御理論

> **フィードバック系の状態微分方程式**
>
> ● ブロック図 5.9 のフィードバック系を示す．状態微分方程式
>
> $$\dot{x} = Ax + u \tag{5.93}$$
>
> の状態に行列 K を作用させたものと，フィードバック系への入力 v を加算したものを入力 u に加えている．
> ● フィードバックを含めた状態微分方程式は次式のようになる．
>
> $$\dot{x} = (A + BK)x + Bv \tag{5.94}$$

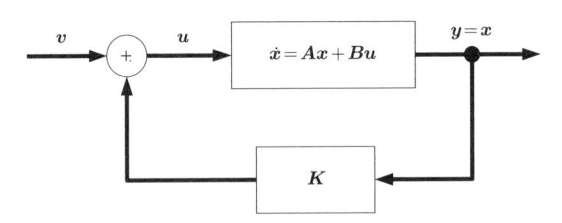

図 5.9 フィードバック系の状態微分方程式

本節では，現代制御理論を少しだけ垣間見る (詳細は参考書を参照すること)．式 (5.93) に，$u = v + Kx$ を代入した式 (5.94) より，フィードバックを含めても，状態微分方程式として表すことができることがわかる．

5.10.1 オブザーバ

> **オブザーバ**
>
> ● 次の線形システムを考える．
>
> $$\dot{x} = Ax + Bu \tag{5.95}$$
> $$y = Cx \tag{5.96}$$
>
> ● 現代制御理論では状態を制御しようとするが，一般には状態を直接得ることができない．

5.10 現代制御理論

● **オブザーバ**： 出力 y から状態や制御に必要なものを推定する線形システム

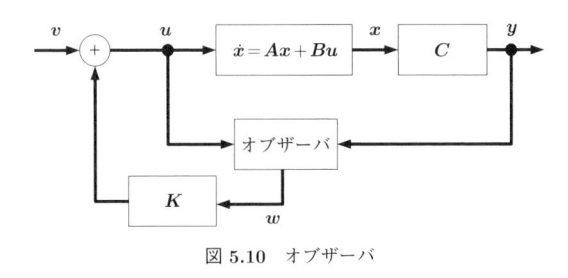

図 5.10 オブザーバ

状態オブザーバ

● 制御対象の線形システムの出力からその状態を推定する線形システム
  - 入力： 観測する線形システムの出力 y
  - 出力 w： 観測する線形システムの状態の推定値
  - オブザーバの状態微分方程式と出力方程式：

$$\dot{z} = Fz + Gy + Hu \tag{5.97}$$

$$w = Wz + Vy \tag{5.98}$$

● 状態オブザーバ： 次の条件を満たすオブザーバ

$$\lim_{t \to \infty} \|w(t) - x(t)\| = 0 \tag{5.99}$$

式 (5.99) より，状態オブザーバは，時間が十分経てば，その出力が目的とする線形システムの状態に収束するものである．

状態オブザーバの定理

次の関係が成立すれば，線形システム (5.97)，(5.98) は状態オブザーバとなる．

$$UA - FU = GC \tag{5.100}$$

$$H = UB \tag{5.101}$$

$$VC + WU = I \tag{5.102}$$

5.7.6 項 (可観測) で示したように，積分することによって状態を推定することができるが，上式はそれを具体的に線形システムとして与えるための条件式である．

5.10.2 状態フィードバック

状態フィードバック

- 現在の状態が観測できるとして，目標とする状態にするための入力を決定する．
- その条件を満たす入力は一意ではないため，消費するパワーを最小にするなどの評価関数を用いる．
- 最小にする評価値の例：

$$J = L_f(\boldsymbol{x}(t_f)) + \int_0^{t_f} L(\boldsymbol{x}(\tau), \boldsymbol{u}(\tau), \tau) d\tau \tag{5.103}$$

- $L(\boldsymbol{x}, \boldsymbol{u}, t)$： 制御途中の各時点の評価関数 (例：消費するパワー)
- $L_f(\boldsymbol{x})$： 最終時間 t_f における評価関数 (例：目標状態と実状態の差)

$\boldsymbol{a}$ を目標とする状態変数の値とする場合の評価関数の例を与える．

$$L(\boldsymbol{x}, \boldsymbol{u}, t) = \|\boldsymbol{x}\|^2 + \|\boldsymbol{u}\|^2$$
$$L_f(\boldsymbol{x}) = \|\boldsymbol{x} - \boldsymbol{a}\|^2$$

ここでは，状態変数のノルムの2乗と入力のノルムの2乗の和を消費するパワーと考え，そのパワーと，時間 t_f における状態変数と $\boldsymbol{a}$ の差のノルムの2乗を最小にしようとしている．$L(\boldsymbol{x}, \boldsymbol{u}, t)$ には t が変数として含まれているため，評価基準が時間とともに変化することも記述できるが，式 (5.104) では評価基準は時不変としている．

状態フィードバックの例を示す．線形でも時不変でもないシステムも考え，次のような状態微分方程式を考える．

$$\dot{\boldsymbol{x}} = \boldsymbol{f}(\boldsymbol{x}, \boldsymbol{u}, t) \tag{5.104}$$

ここで，$\boldsymbol{f}(\boldsymbol{x}, \boldsymbol{u}, t)$ は，状態，入力，時刻の関数であり，時不変の線形システムでは，次のようになる．

$$\boldsymbol{f}(\boldsymbol{x}, \boldsymbol{u}, t) = \boldsymbol{A}\boldsymbol{x} + \boldsymbol{B}\boldsymbol{u}$$

初期状態 $\boldsymbol{x}(0)$ は与えられているものとする．式 (5.103) の J の右辺第1項の $L_f(\boldsymbol{x})$ を第2項の積分中に含めると，

$$J = \int_0^{t_f} \left[L(\boldsymbol{x}(\tau), \boldsymbol{u}(\tau), \tau) + \left. \frac{\partial L_f}{\partial \boldsymbol{x}} \right|_{\boldsymbol{x}=\boldsymbol{x}(\tau)} \dot{\boldsymbol{x}}(\tau) \right] d\tau$$

となる．$L_f(\boldsymbol{x})$ を積分に入れるため，厳密には上式に $L_f(\boldsymbol{x}(0))$ を加えなくてはいけないが，この項は与えられる $\boldsymbol{x}(0)$ にしかよらないため，最小化には無関係であり省略している．

次に補助変数 $\boldsymbol{\lambda}$ を導入して，次の関数を定義する．

$$H(\boldsymbol{x}, \boldsymbol{u}, \boldsymbol{\lambda}, t) = L(\boldsymbol{x}, \boldsymbol{u}, t) + \frac{\partial L_f}{\partial \boldsymbol{x}} \dot{\boldsymbol{x}} + \boldsymbol{\lambda}^T \boldsymbol{f}(\boldsymbol{x}, \boldsymbol{u}, t)$$

このとき，与えられた制約条件のもと，J を最小とする入力 $\boldsymbol{u}(t)$ は，次の微分方程式

$$0 = -\frac{\partial H}{\partial \boldsymbol{u}} \tag{5.105}$$

$$\dot{\boldsymbol{\lambda}} = -\frac{\partial H}{\partial \boldsymbol{x}} \tag{5.106}$$

$$\dot{\boldsymbol{x}} = \frac{\partial H}{\partial \boldsymbol{\lambda}} \tag{5.107}$$

を, $t = t_f$ における境界条件

$$\left(\frac{\partial L_f}{\partial \boldsymbol{x}} - \boldsymbol{\lambda} \right) \Bigg|_{t=t_f} = 0 \tag{5.108}$$

で解くことによって与えられる.この微分方程式は,解析力学のハミルトンの運動方程式の形になっていて,$\boldsymbol{\lambda}$ が $\boldsymbol{x}$ の共役運動量に相当するものになっている.

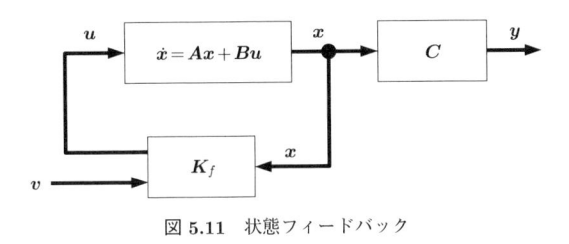

図 5.11 状態フィードバック

図 5.11 のようにして,フィードバック系を構成することができる.フィードバック要素の $\boldsymbol{K}_f$ は定数倍を表すのではなく,$\boldsymbol{x}$ と目標値 $\boldsymbol{v}$ の関数 $\boldsymbol{K}_f(\boldsymbol{x}, \boldsymbol{v})$ を表している.

問 題

[5.1] 次の連続時間線形システムの状態と出力を求めよ.

$$\begin{pmatrix} \dot{x}_1(t) \\ \dot{x}_2(t) \end{pmatrix} = \begin{pmatrix} -1 & 2 \\ -1 & -4 \end{pmatrix} \begin{pmatrix} x_1(t) \\ x_2(t) \end{pmatrix} + \begin{pmatrix} 3 & 0 \\ 0 & 1 \end{pmatrix} \begin{pmatrix} u_1(t) \\ u_2(t) \end{pmatrix}$$

$$y(t) = (2,\ 0) \begin{pmatrix} x_1(t) \\ x_2(t) \end{pmatrix} + (-1,\ 0) \begin{pmatrix} u_1(t) \\ u_2(t) \end{pmatrix}$$

ただし,初期値と入力を次の通りとする.

$$\begin{pmatrix} x_1(0) \\ x_2(0) \end{pmatrix} = \begin{pmatrix} 2 \\ 0 \end{pmatrix}, \quad u_1(t) = \begin{cases} 0 & (t < 0) \\ 0 & (t \geq 0) \end{cases}, \quad u_2(t) = \begin{cases} 0 & (t < 0) \\ e^{-2t} & (t \geq 0) \end{cases}$$

[5.2] 次に示す離散時間線形システムが可制御あるいは可観測であるかどうか,それぞれ調べよ.

$$\begin{pmatrix} \dot{x}_1(t) \\ \dot{x}_2(t) \\ \dot{x}_3(t) \end{pmatrix} = \begin{pmatrix} 1 & 2 & 0 \\ 1 & -1 & 0 \\ 1 & 0 & 2 \end{pmatrix} \begin{pmatrix} x_1(t) \\ x_2(t) \\ x_3(t) \end{pmatrix} + \begin{pmatrix} 1 \\ 0 \\ 1 \end{pmatrix} u(t)$$

$$y(t) = (1,\ 2,\ 0) \begin{pmatrix} x_1(t) \\ x_2(t) \\ x_3(t) \end{pmatrix} + 2 \cdot u(t)$$

[**5.3**] [5.1] および [5.2] に示した離散時間線形システムのブロック線図を記せ．

[**5.4**] 次の方程式の解の実部がすべて負であるかどうか調べよ．
$$s^4 + 3s^3 + 3s^2 + 2s + 1 = 0$$

[**5.5**] フィードバック系のオープンループ伝達関数が
$$A(s) = \frac{10^9}{(s+1)(s+1000)^2}$$
で与えられるものとする．この伝達関数の振幅図および位相図を書け．また，フィードバック系の振幅余裕および位相余裕を求めよ．

6 離散時間信号の変換

本章では，時間的に離散な信号を扱うための基礎を整理する．そして，次章で離散時間線形システムについて論じる．

6.1 連続時間信号と離散時間信号

標本化

- $x(t)$： 連続時間で定義された連続関数
- $x_T(n)$ $(n = 0, \pm 1, \pm 2, \ldots)$： 時間間隔 T で標本化した標本値

$$x_T(n) = x(nT) \tag{6.1}$$

連続時間信号は連続時間 (実数) 上で定義された関数であり，離散時間信号は離散時間 (整数) 上で定義された関数である．

計算機を使う場合，連続時間上で定義された信号を直接扱うことはできない．したがって，信号を標本化して扱う必要がある．ここでは，標本化時間間隔を T として，$x(t)$ の $t = nT$ での値である，整数の集合上で定義された関数 $x_T(n)$ を離散時間信号として扱う．なお，「連続時間で定義された連続関数」における 2 つの連続の意味を混同しない必要がある．前者の「連続」は関数の定義域である時間が整数値ではなく実数値をとるという意味であり，後者は $\lim_{\tau \to t} x(\tau) = x(t)$ が成立する連続関数であるという意味である．定義域の内部の点で関数が不連続であると，標本化してもその点付近で意味ある結果が得られないため，連続関数であることを仮定している．

離散時間信号の記号に添字として標本間隔 T を明示しているが，時間軸のスケールだけの問題であるので，必要がないときには省略する．

6.2 標本化定理

帯域制限

- $X(f)$： $x(t)$ をフーリエ変換したもの
- $x(t)$ が M で帯域制限されているとは，$|f| \geq M$ で次式が成立することである．
$$X(f) = 0 \tag{6.2}$$

帯域制限は，連続時間信号と離散時間信号の関係でもっとも基本的な標本化定理を理解するための重要な概念である．言葉で書けば，ある連続時間上の信号が周波数 M 帯域制限されているとは，その信号に周波数 M 以上の高周波成分が存在しないことである．

sinc 関数

- sinc 関数は次式で定義される (図 6.1)．
$$\mathrm{sinc}(t) = \frac{\sin t}{t} \tag{6.3}$$

- sinc 関数の性質
  - $\mathrm{sinc}(0) = 1$
  - $n = \pm 1, \pm 2, \ldots$ に対して，$\mathrm{sinc}(n\pi) = 0$ ($n=0$ が入っていないことに注意)
  - $S(f)$ (角周波数では $S(\omega)$)： $\mathrm{sinc}(t)$ をフーリエ変換したもの

$$S(f) = \begin{cases} \pi & (|f| \leq \frac{1}{2\pi}) \\ 0 & (\mathrm{else}) \end{cases} \qquad S(\omega) = \begin{cases} \pi & (|\omega| \leq 1) \\ 0 & (\mathrm{else}) \end{cases} \tag{6.4}$$

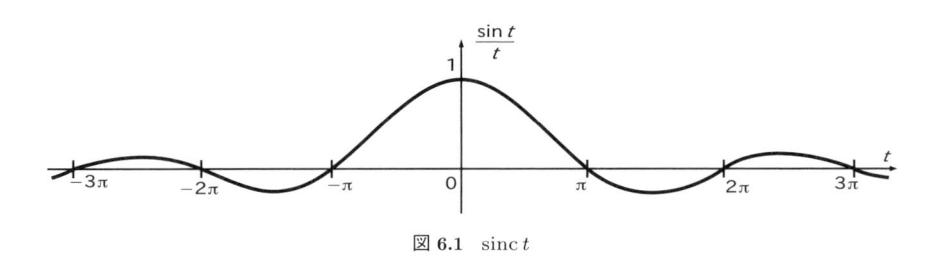

図 6.1 sinc t

1 番目の性質は，$|t|$ が 0 に近いときに $\sin t \simeq t$ であるので，$t \to 0$ での $\mathrm{sinc}(t)$ の極限が 1 になる．したがって，連続関数にするために $\mathrm{sinc}(0) = 1$ と定義している．

2 番目の性質は，$\sin$ の性質より明らかである．

3番目の性質は，式 (6.4) を逆フーリエ変換することによって次のように証明できる．

$$\int_{-\infty}^{\infty} S(f)e^{2\pi ft}df = \int_{-\frac{1}{2\pi}}^{\frac{1}{2\pi}} \pi e^{2\pi ft}df = \frac{\pi}{2\pi it}[e^{2\pi ft}]_{-\frac{1}{2\pi}}^{\frac{1}{2\pi}} = \frac{e^{it}-e^{it}}{2it} = \frac{\sin t}{t} \quad (6.5)$$

標本化定理

- $M(\leq 1/2T)$ に対して，$x(t)$ が M で帯域制限されているならば，$x_T(n)$ から $x(t)$ を次式によって復元することができる．

$$x(t) = \sum_{n=\infty}^{\infty} x_T(n)\mathrm{sinc}\left(\frac{\pi}{T}(t-nT)\right) \quad (6.6)$$

- $1/2T$ をナイキスト周波数と呼ぶ．

標本化定理の主旨を文章で書けば，「信号を標本化したとき，その信号がナイキスト周波数で帯域制限されていれば，もとの信号を復元することができる．」となる．シャノン (C. E. Shannon) が 1949 年に示したが，ほぼ同時期に染谷勲 (1915–2007) も明らかにしていた．また，ソ連のコテルニコフ (V. A. Kotelnikov) はそれよりも早く 1933 年に明らかにしていた．そのことがソ連崩壊によって明らかにされた．

(標本化定理の証明)

定理の条件から，信号は $M \leq 1/2T$ で帯域制限されているので，$1/2T$ で帯域制限されていると考えることができる．$x(t)$ のフーリエ変換と逆フーリエ変換は次式で与えられる．

$$X(f) = \int_{-\infty}^{\infty} x(t)e^{-2\pi ift}dt$$

$$x(t) = \int_{-\infty}^{\infty} X(f)e^{2\pi ift}df$$

いま，$|f| \geq 1/2T$ で $X(f) = 0$ である．したがって，$X(f)$ の区間 $[-1/2T, 1/2T]$ の部分だけを考え，その区間のフーリエ級数展開を考える (信号を周波数で表した $X(f)$ を，フーリエ級数展開することに注意する) と，

$$X(f) = \sum_{n=-\infty}^{\infty} c_n e^{\frac{2\pi i}{1/T}nf} = \sum_{n=-\infty}^{\infty} c_n e^{2\pi iTnf}$$

と書くことができる．c_n は，

$$c_n = \frac{1}{\frac{1}{T}}\int_{-\frac{1}{2T}}^{\frac{1}{2T}} X(f)e^{-\frac{2\pi i}{1/T}nf}df = T\int_{-\infty}^{\infty} X(f)e^{-2\pi iTnf}df = T\int_{-\infty}^{\infty} X(f)e^{2\pi i(-Tn)f}df$$
$$= T\,x(-Tn)$$

となる (最後の等号は $X(f)$ の逆フーリエ変換によって成立する)．したがって，$|f| \leq 1/2T$ で，

$$X(f) = \sum_{n=-\infty}^{\infty} T\,x(-Tn)e^{2\pi iTnf}$$

が成立する．これを逆フーリエ変換すると，次式のように標本化定理が得られる．

$$x(t) = \int_\infty^\infty X(f) e^{2\pi ift} df = \int_{-\frac{1}{2T}}^{\frac{1}{2T}} X(f) e^{2\pi ift} df = \int_{-\frac{1}{2T}}^{\frac{1}{2T}} \sum_{n=-\infty}^\infty T x(-Tn) e^{2\pi iTnf} e^{2\pi ift} df$$

$$= \sum_{n=-\infty}^\infty x(-Tn) T \int_{-\frac{1}{2T}}^{\frac{1}{2T}} e^{2\pi i(t+Tn)f} df = \sum_{n=-\infty}^\infty x(Tn) T \int_{-\frac{1}{2T}}^{\frac{1}{2T}} e^{2\pi i(t-Tn)f} df$$

$$= \sum_{n=-\infty}^\infty x(Tn) \operatorname{sinc}\left(\frac{\pi}{T}(t-nT)\right) \tag{6.7}$$

最後の積分の計算は，式 (6.5) の計算において，$1/2\pi$ を $1/2T$ にしたものである．

6.2.1 折り返し歪み

折り返し歪み (エリアジング)

● $x(t)$ (帯域制限されているとは限らない) に対して，標本化定理と同じ処理をした関数

$$x_{\mathrm{F}}(t) = \sum_{n=\infty}^\infty x_T(n) \operatorname{sinc}\left(\frac{\pi}{T}(t-nT)\right) \tag{6.8}$$

のフーリエ変換は，

$$X_{\mathrm{F}}(f) = \begin{cases} \sum_{m=-\infty}^\infty X\left(f+\frac{m}{T}\right) & \left(-\frac{1}{2T} < f \leq \frac{1}{2T}\right) \\ 0 & (\text{else}) \end{cases} \tag{6.9}$$

で与えられる．これは，周波数間隔 $1/T$ で $X(f)$ をずらしながら，$(-1/2T, 1/2T)$ に重畳していった関数である．

帯域制限されていない信号を標本化し，通常の標本化定理を使って復元すると，その高周波成分が $1/T$ 間隔で重畳されて，復元した信号の中に実際には存在しなかった低周波成分が現れる．もとの信号が帯域制限されていないために生じる誤差を折り返し歪み (aliasing) と呼ぶ．α ($0 < \alpha < 1/2T$) に対して，周波数 $1/2T+\alpha$ の信号は，$X_{\mathrm{F}}(f)$ では $-1/2T+\alpha$ の信号となる．式としては折り返しにはなっていない．ただし，周波数 $-\omega$ の信号は物理的には周波数 ω の信号とみなされる．したがって，$-1/2T+\alpha$ の信号は周波数 $1/2T-\alpha$ としてみなすことができるため，折り返しと呼ぶことができる．

たとえば，CD(コンパクトディスク) の場合，標本化周波数 $(1/T)$ は 44.1 kHz である．したがって，入力される信号の成分となる正弦波の周波数は，その半分の 22.05 kHz 未満にしなくてはいけない．また，人間には 20 kHz 以上の周波数の音は聞こえないので，22.05 kHz の範囲で再現できれば十分となる．

式 (6.9) を示すために，標本化した信号を時間軸を平行移動したデルタ関数の重み付き和を使って，連続時間上の関数として表現した場合のフーリエ変換を示す．

デルタ関数列表現

● 信号 $x(t)$ (帯域制限されているとは限らない) に対して，標本点の時間だけ平行移動して T 倍したデルタ関数にその標本値倍したものの和

$$x_\mathrm{I}(t) = \sum_{n=\infty}^{\infty} T x_T(n) \delta(t - nT) \tag{6.10}$$

のフーリエ変換は，

$$X_\mathrm{I}(f) = \sum_{m=-\infty}^{\infty} X(f + m/T) \tag{6.11}$$

で与えられる．これは，周波数間隔 $1/T$ で $X(f)$ をずらしながら，自分自身に加えていった関数であり，式 (6.9) の X_F を，周期 T の周期関数として定義域を $(-\infty, \infty)$ に拡張した関数となる．

$x_\mathrm{I}(t)$ は，連続時間上の関数であることに注意する．

まず，式 (6.10) をフーリエ変換し，$x_T(n)$ を $X(f)$ の逆フーリエ変換で表せば，

$$\begin{aligned}
X_\mathrm{I}(f) &= \int_{-\infty}^{\infty} \sum_{n=-\infty}^{\infty} T x_T(n) \delta(t - nT) e^{-2\pi i f t} dt \\
&= T \sum_{n=-\infty}^{\infty} \int_{-\infty}^{\infty} X(f') e^{2\pi i f' nT} df' \int_{-\infty}^{\infty} \delta(t - nT) e^{-2\pi i f t} dt \\
&= T \int_{-\infty}^{\infty} X(f') \sum_{n=\infty}^{\infty} e^{2\pi i (f' - f) nT} df' \\
&= T \sum_{m=-\infty}^{\infty} \int_{\frac{m}{T} - \frac{1}{2T}}^{\frac{m}{T} + \frac{1}{2T}} X(f') \sum_{n=-\infty}^{\infty} e^{2\pi i nT (f' - f)} df'
\end{aligned}$$

となる．ここで，$e^{2\pi i nT \left(\left(f' + \frac{m}{T} \right) - f \right)} = e^{2\pi i nT (f' - f)}$ である．また，n を $-n$ としても $-\infty$ から ∞ の和であるため，値は変わらない．したがって，上式は以下のようになる．

$$\begin{aligned}
T \int_{-\frac{1}{2T}}^{\frac{1}{2T}} \sum_{m=-\infty}^{\infty} X\left(f' + \frac{m}{T} \right) \sum_{n=-\infty}^{\infty} &e^{2\pi i (-n)(f' - f) T} df' \\
&= \frac{1}{\frac{1}{T}} \sum_{n=-\infty}^{\infty} \left[\int_{-\frac{1}{2T}}^{\frac{1}{2T}} \left\{ \sum_{m=-\infty}^{\infty} X\left(f' + \frac{m}{T} \right) \right\} e^{-2\pi i nT f'} df' \right] e^{2\pi i nT f} \\
&= \sum_{m=-\infty}^{\infty} X\left(f + \frac{m}{T} \right)
\end{aligned}$$

2 番目の等号は，$\sum_{m=-\infty}^{\infty} X\left(f + \frac{m}{T} \right)$ が周期 $1/T$ の周期関数であり，2 番目の式が $\sum_{m=-\infty}^{\infty} X\left(f + \frac{m}{T} \right)$ のフーリエ級数展開係数を積分で求め，それによるフーリエ級数展開となっているためである．したがって，式 (6.11) が成立する．

次に，式 (6.9) を証明する．$\frac{1}{T} \mathrm{sinc}\left(\frac{\pi}{T} t \right)$ と $x_\mathrm{I}(t)$ の畳み込み積分は，

$$\int_{-\infty}^{\infty} \frac{1}{T}\mathrm{sinc}\left(\frac{\pi}{T}(t-\tau)\right)\sum_{n=\infty}^{\infty} Tx_T(n)\delta(\tau-nT)d\tau = \sum_{n=-\infty}^{\infty} x_T(n)\mathrm{sinc}\left(\frac{\pi}{T}(t-nT)\right) = x_\mathrm{F}(t) \tag{6.12}$$

となる．したがって，$x_\mathrm{F}(t)$ のフーリエ変換は，$\frac{1}{T}\mathrm{sinc}\left(\frac{\pi}{T}t\right)$ のフーリエ変換と $X_\mathrm{I}(f)$ の積になる．$\frac{1}{T}\mathrm{sinc}\left(\frac{\pi}{T}t\right)$ のフーリエ変換は $\frac{1}{\pi}S(\frac{T}{\pi}f)$ であるから，

$$X_\mathrm{F}(f) = \frac{1}{\pi}S\left(\frac{T}{\pi}f\right)X_\mathrm{I}(f) \tag{6.13}$$

となり，式 (6.4) より式 (6.9) が得られる．

6.3 離散フーリエ変換

6.3.1 離散時間フーリエ変換

離散時間フーリエ変換

- 離散時間信号 $x_T(n)$ $(-\infty < n < \infty)$ に対して，その離散時間フーリエ変換 (dixcrete-time Fourier transform：DTFT) を次式で定義する．

$$X(\omega) = \sum_{n=-\infty}^{\infty} x_T(n)e^{-i\omega n} \tag{6.14}$$

- 逆変換を次式で定義する．

$$x_T(n) = \frac{1}{2\pi}\int_{-\pi}^{\pi} X(\omega)e^{i\omega n}d\omega \tag{6.15}$$

- 式 (6.14), (6.15) の角周波数 ω と，時間軸の周波数 f との間には，次の関係が存在する．

$$f = \frac{\omega}{2\pi T} \tag{6.16}$$

まず，フーリエ級数展開の式 (3.10), (3.11) は，関数値や係数を複素数に拡張しても成立することに注意する．そうすれば，式 (6.14), (6.15) が成立することは，それらがそれぞれ，$T_2 = \pi$, $T_1 = -\pi$，t を $-\omega$ としたフーリエ級数展開の式 (3.11), (3.10) になっていることからわかる．

この表現での最高周波数は，$\omega = \pm\pi$ であり，それは $x_T(n)$ の値が n が 1 増えるとともに ± 1 を交互に繰り返すような信号の周波数である．元の時間の信号で考えれば，周期 $2T$ すなわち周波数 $1/(2T)$ の正弦波に相当する．したがって，この表現での角周波数 ω と実時間での周波数 f との関係は，$f/\omega = (1/2T)/\pi$ という関係より，式 (6.16) が成立する．

離散時間フーリエ変換は，6.4 節の z 変換とともに，信号の長さが有限でない離散信号の処理に使われる．

6.3.2 畳み込み和と単位パルス応答

畳み込み和

- $y_T(n)$： 離散時間信号 $w_T(n)$, $x_T(n)$ $(-\infty < n < \infty)$ の畳み込み和

$$y_T(n) = \sum_{m=-\infty}^{\infty} w_T(n-m)x_T(m) = \sum_{m=-\infty}^{\infty} w_T(m)x_T(n-m) \tag{6.17}$$

- $W(\omega)$, $X(\omega)$, $Y(\omega)$ を，それぞれ，$w_T(n)$, $x_T(n)$, $y_T(n)$ の離散時間フーリエ変換したものとすれば，次式が成立する．

$$Y(\omega) = W(\omega)X(\omega) \tag{6.18}$$

連続時間のフーリエ変換と同様に，離散時間のフーリエ変換でも時間軸上での畳み込み和は，周波数軸上での積になる．この関係はフーリエ級数展開の畳み込み和の式 (3.81), (3.80) を使って証明できる．また，時間軸上の積は周波数軸上では畳み込み積分になることも，式 (3.79), (3.80) より明らかである．

単位パルス関数

- 単位パルス関数

$$\delta_T(n) = \begin{cases} 1 & (n=0) \\ 0 & (n \neq 0) \end{cases} \tag{6.19}$$

- $\delta_T(n)$ の離散時間フーリエ変換 $F_\delta(\omega)$

$$F_\delta(\omega) = 1 \tag{6.20}$$

連続時間のデルタ関数に相当するものであるが，デルタ関数とは異なり，単位パルス関数は $n=0$ のときだけ 1 で他は 0 という簡単な関数である．式 (6.20) は，次式より明らかである．

$$F_\delta(\omega) = \sum_{n=-\infty}^{\infty} \delta_T(n)e^{-i\omega n} = e^{-i\omega 0} = 1$$

単位パルス応答

- 離散時間線形システムの入力に単位パルス関数を加えたときの出力を，単位パルス応答と呼ぶ．
- 線形システムの単位パルス応答を $w(n)$ とするとき，入力 $x(n)$ を加えたときの出力 $y(n)$ は，畳み込み和 (式 (6.17)) で与えられる．

$$y(n) = (w * x)(n) \tquad (6.21)$$

- 離散時間線形システムでは，状態の初期値が 0 とみなせるとき，単位パルス応答 $w(n)$ が分かっていれば，任意の入力に対して出力を求めることができる．

この性質は連続時間の単位インパルス応答と同じである．この性質は，線形システムの線形性と，$\delta_T(n)$ を k だけ遅らせた $\delta_T(n-k)$ をシステムの入力に加えたときの出力が，$w(n-k)$ となることがわかる．

6.3.3 離散フーリエ変換

離散フーリエ変換 (DFT)

- 長さ N の有限区間，あるいは周期 N の周期関数の 1 周期からなる離散時間信号 $x_T(n)$ ($0 \le n \le N-1$) に対して，その離散フーリエ変換 (discrete Fourier transform：DFT) を次式で定義する．

$$X_N(m) = \sum_{n=0}^{N-1} x_T(n) e^{-\frac{2\pi i}{N} mn} \tquad (6.22)$$

- 逆変換を次式で定義する．

$$x_T(n) = \frac{1}{N} \sum_{n=0}^{N-1} X_N(n) e^{\frac{2\pi i}{N} mn} \tquad (6.23)$$

- $x_T(n)$ が実数ならば，次式が成立する．

$$X_N(N-n) = \overline{X_N(n)} \tquad (6.24)$$

コンピュータでは，無限長のデータを扱うことができない．離散フーリエ変換 (DFT) は，長さ N のデータに対してフーリエ変換を行う．$X(m)$ は，$m=0$ のとき直流成分 (値が時間によらず一定) の大きさを表す．また，時間軸を元にした場合，基本的周期は NT であるから $1 \le m \le N/2$ のとき，元の時間軸では周波数 m/NT の成分の大きさを表す．$N/2 < m < N$ のときは，

$$e^{\frac{2\pi i}{N}(N-m)n} = e^{-\frac{2\pi i}{N} mn}$$

が成立するので，周波数が $-m/NT$ の成分 (周波数がマイナスの成分) の大きさを表していると考えることができる．

離散フーリエ変換の 1 つの係数 $X(m)$ を計算するためには，約 N の積と和が必要となる．そして，N 個の $X(m)$ ($m = 0, 1, \ldots, N-1$) を求めなくてはいけないため，DFT の計算量は N^2 程度となる．ただし，DFT には高速フーリエ変換 (fast Fourier transform：FFT) と呼ばれるアルゴリズムが存在し，その計算量は $N \log_2 N$ 程度となる．たとえば，$N = 2^{16} (= 65536)$ とすれば，計算時間は $2^{16} \log_2 2^{16} / (2^{16})^2 = 1/2^{12} \simeq 1/4000$ 程度に短縮されることになる．

6.4　z 変 換

> **z 変換の定義**
>
> - $\mathcal{Z}[x_T(n)]$ ：　$x_T(n)$ の z 変換
> - $x_T(n)$ の両側 z 変換を $\sum_{n=-\infty}^{\infty} x_T(n) z^{-n}$ で定義する.
> - $n < 0$ で $x_T(n) = 0$ を仮定し, z を複素数の変数とするとき, $x_T(n)$ を片側 z 変換を次式で定義する.
>
> $$X(z) = \mathcal{Z}[x_T(n)] \equiv \sum_{n=0}^{\infty} x_T(n) z^{-n} \qquad (6.25)$$

離散時間信号における片側 z 変換は, 連続時間信号におけるラプラス変換のような役割を果たす. 離散時間における畳み込み和が, z 変換した関数では単なる乗算になったり, 安定性なども z 変換で表された伝達関数で調べることが可能であり, 離散時間信号を扱う上では z 変換は重要な変換である. 本書では z 変換に関しては, 片側 z 変換だけを扱う. したがって, $n < 0$ で $x_T(n) = 0$ が成り立つものとする.

> **z 変換の性質**
>
> - z 変換は線形変換である. すなわち, α, β を定数とすれば, 次式が成立する.
>
> $$\mathcal{Z}[\alpha x_T(n) + \beta y_T(n)] = \alpha \mathcal{Z}[x_T(n)] + \beta \mathcal{Z}[y_T(n)] \qquad (6.26)$$
>
> - z^{-1} を遅延演算子と呼ぶ.
> - $u_T(n) = x_T(n-L)$: $x_T(t)$ を, L 回 (時間では LT) だけ遅延させた信号の z 変換は, 次式で与えられる.
>
> $$\mathcal{Z}[x_T(n-L)] = z^{-L} X(z) \qquad (6.27)$$
>
> - $v_T(t)$ を, L 回 (時間では LT) 進ませ, $n < 0$ の部分を 0 とした信号の z 変換は, 次式で与えられる.
>
> $$V(z) = z^L X(z) - \sum_{n=1}^{L} z^n x(L-n) \qquad (6.28)$$

線形性は, 定義式 (6.25) より明らかである. 遅延した場合は, $n < 0$ で $x_T(n) = 0$ であるから,

$$\sum_{n=0}^{\infty} x_T(n-L) z^{-n} = z^{-L} \sum_{n=L}^{\infty} x_T(n-L) z^{-(n-L)} = z^{-L} X(z)$$

となる. 進ませた場合は,

$$\sum_{n=0}^{\infty} x_T(n+L)z^{-n} = \sum_{n=-L}^{\infty} x_T(n+L)z^{-n} - \sum_{n=-L}^{-1} x_T(n+L)z^{-n}$$

$$= \sum_{n=0}^{\infty} x_T(n)z^{-n+L} - \sum_{n=1}^{L} x_T(L-n)z^n = z^L X(z) - \sum_{n=1}^{L} z^n x(L-n)$$

より成立する．上式には，$n < 0$ での値を 0 にするための項が加わっている．

畳み込み和・積分

● 離散時間での畳み込み和

$$y_T(n) = w_T(n) * x_T(n) \equiv \sum_{k=0}^{\infty} w_T(n-k)x_T(k) = \sum_{k=0}^{\infty} w_T(k)x_T(n-k) \quad (6.29)$$

の z 変換は，関数の積で与えられる．

$$Y(z) = W(z)X(z) \quad (6.30)$$

● z 座標での畳み込み積分を

$$Y(z) = W(z) * X(z) \equiv \frac{1}{2\pi i} \int_C W(p) X\left(\frac{z}{p}\right) p^{-1} dp \quad (6.31)$$

で定義する．ここで，経路 C は，$W(p)$ と $X\left(\frac{z}{p}\right)$ の極すべてと点 $p=0$ を含む正則な領域を通る閉曲線である．このとき，時間軸上では関数の積になる．

$$y_T(n) = w_T(n)x_T(n) \quad (6.32)$$

ラプラス変換の時間軸での畳み込み積分に相当する畳み込み和は，z 変換では関数の積になる．その証明は以下の通りである．

$$\sum_{n=0}^{\infty}\sum_{m=0}^{\infty} w_T(n-m)x_T(m)z^{-n} = \sum_{n=0}^{\infty}\sum_{m=0}^{n} w_T(n-m)x_T(m)z^{-n}$$

$$= \sum_{m=0}^{\infty}\left(\sum_{n=m}^{\infty} w_T(n-m)z^{-(n-m)}\right) x_T(m)z^{-m} = \sum_{m=0}^{\infty}\left(\sum_{l=0}^{\infty} w_T(l)z^{-l}\right) x_T(m)z^{-m}$$

$$= \left(\sum_{l=0}^{\infty} w_T(l)z^{-l}\right)\left(\sum_{m=0}^{\infty} x_T(m)z^{-m}\right) = W(z)X(z)$$

z 座標での畳み込み積分 (式 (6.31)) に関する証明は，留数定理による逆 z 変換を説明した後の 6.5.3 項で与える．

6.4.1　z 変換とラプラス変換

デルタ関数列のラプラス変換

- 離散時間上の関数 $x_T(n)$ に対して，連続時間上の関数 $\tilde{x}(t)$ を，係数が $x_T(n)$ で時間軸を nT だけ平行移動したデルタ関数の和からなるものとして定義する．

$$\tilde{x}(t) = \sum_{n=0}^{\infty} x_T(n)\delta(t-nT) \tag{6.33}$$

- 上の $\tilde{x}(t)$ をラプラス変換すれば次式が成立する．

$$\mathcal{L}[\tilde{x}(t)] = \sum_{k=0}^{\infty} x_T(n)e^{-nTs} \tag{6.34}$$

- $z = e^{Ts}$ とおけば，式 (6.34) は $x_T(n)$ の z 変換である．

式 (6.34) は以下のように簡単に示すことができる．

$$\int_0^{\infty} \sum_{n=0}^{\infty} x_T(n)\delta(t-nT)e^{-st}dt = \sum_{n=0}^{\infty} x_T(n)\int_0^{\infty} \delta(t-nT)e^{-st}dt = \sum_{n=0}^{\infty} x_T(n)e^{-nTs}dt$$

したがって，デルタ関数列のラプラス変換と z 変換は，$z = e^{Ts}$ と置き換えるだけで，本質的には同じものであることがわかる．

連続時間上の関数の標本化と z 変換

- 連続時間上の信号 $x(t)$ のラプラス変換を $X(s)$ とする．
- $x(t)$ を標本化した $x_T(n) = x(nT)$ を離散時間上の信号 $x_T(n)$ と，その z 変換 $X(z)$ に対して，次式が成立する．

$$X(z) = \frac{1}{2\pi i} \int_{\sigma_0-i\infty}^{\sigma_0+i\infty} \frac{X(p)}{1-z^{-1}e^{Tp}}dp \tag{6.35}$$

まず，$x_T(n)$ 倍したデルタ関数の和からなる，連続時間上の信号 $\tilde{x}(t)$ を考える．

$$\tilde{x}(t) = \sum_{n=0}^{\infty} x_T(n)\delta(t-nT) = \sum_{n=0}^{\infty} x(nT)\delta(t-nT) \tag{6.36}$$

$p(t)$ を

$$p(t) = \sum_{n=0}^{\infty} \delta(t-nT) \tag{6.37}$$

とおけば，

$$\tilde{x}(t) = x(t)p(t) \tag{6.38}$$

が成立する．なぜならば，$\delta(t-nT)$ は $t = nT$ 以外では 0 であるから，

$$x(t)\delta(t-nT) = x(nT)\delta(t-nT)$$

が成立するからである．$p(t)$ をラプラス変換すれば，

$$\mathcal{L}[p(t)] = \int_0^\infty p(t)e^{-st}dt = \sum_{n=0}^\infty e^{-sTn} = \frac{1}{1-e^{-sT}}$$

となる．式 (6.38) の時間軸上の積は，式 (4.35) のラプラス変換関数の畳み込み積分になるから，

$$\tilde{X}(s) = \mathcal{L}[\tilde{x}(t)] = \frac{1}{2\pi i}\int_{\sigma_0-i\infty}^{\sigma_0+i\infty}\frac{X(p)}{1-e^{-(s-p)T}}dp$$

が成立する．$X(z)$ は $\tilde{X}(s)$ の e^{Ts} を z に変えたものであるから，式 (6.35) が成立する．

離散時間フーリエ変換と z 変換

● $x_n(t)$ が $n<0$ で $x_n(n)=0$ を満たすとき，z 変換した関数に $z=e^{i\omega}$ を代入すれば，離散時間フーリエ変換した関数になる．

正確には $x_T(n)$ の離散時間フーリエ変換の存在の条件が必要となるが，存在すれば，両者の定義式 (6.14) と (6.25) を見比べれば明らかである．

6.4.2 z 変換の計算法

---

z 変換の計算法の概要

● 定義式の無限和を求める．
● 連続時間上の関数の標本値と考え，その連続関数のラプラス変換から式 (6.35) を使って計算する．

ステップ関数や指数関数の無限和は簡単に計算でき，複素数の無限和を考えれば，sin 関数，cos 関数の z 変換も計算できる．また，式 (6.35) の計算は留数定理を使って計算できる．

a. 定義式の計算

単位ステップ関数・単位パルス関数・指数関数の z 変換

● 単位ステップ関数 $u_T(n) = 1\ (n \geq 0),\ u_T(n) = 0\ (n < 0)$ の z 変換：

$$\mathcal{Z}[u_T(n)] = \frac{1}{1-z^{-1}} = \frac{z}{z-1} \tag{6.39}$$

● 単位パルス関数の z 変換：

$$\mathcal{Z}[\delta_T(n)] = 1 \tag{6.40}$$

● 指数関数 $e^{\alpha n}$ の z 変換：

$$\mathcal{Z}[e^{\alpha n}] = \frac{1}{1-e^\alpha z^{-1}} = \frac{z}{z-e^\alpha} \tag{6.41}$$

ステップ関数の z 変換は次式より明らかである.

$$\sum_{n=0}^{\infty} z^{-n} = \sum_{n=0}^{\infty} (z^{-1})^n = \frac{1}{1-z^{-1}}$$

単位パルス関数の場合は明らかである. 指数関数も次式より明らかである.

$$\sum_{k=0}^{\infty} e^{\alpha n} z^{-n} = \sum_{k=0}^{\infty} \left(e^{\alpha} z^{-1}\right)^n = \frac{1}{1-e^{\alpha} z^{-1}}$$

a^n の z 変換は, $a = e^{(\log a)}$ であるから, $\alpha = \log a$ として式 (6.41) より次式が成立する.

$$\mathcal{Z}[a^n] = \frac{1}{1-e^{(\log a)} z^{-1}} = \frac{1}{1-az^{-1}} = \frac{z}{z-a} \tag{6.42}$$

---

sin 関数と cos 関数の z 変換

● $\sin \omega n$ の z 変換:

$$\mathcal{Z}[\sin \omega n] = \frac{z \sin \omega}{z^2 - 2z \cos \omega + 1} \tag{6.43}$$

● $\cos \omega n$ の z 変換:

$$\mathcal{Z}[\cos \omega n] = \frac{z(z - \cos \omega)}{z^2 - 2z \cos \omega + 1} \tag{6.44}$$

$\sin \omega n = (e^{i\omega n} - e^{i\omega n})/2i$ であるから, z 変換の線形性と式 (6.41) より,

$$\mathcal{Z}[\sin \omega n] = \frac{1}{2i}\left(\frac{z}{z-e^{i\omega}} - \frac{z}{z-e^{-i\omega}}\right) = \frac{z(z-e^{-i\omega}) - z(z-e^{i\omega})}{2i(z-e^{i\omega})(z-e^{-i\omega})}$$

$$= \frac{z \sin \omega}{z^2 - 2z \cos \omega + 1}$$

となり, 式 (6.43) が成立する. $\cos \omega n$ も同様に,

$$\mathcal{Z}[\cos \omega n] = \frac{1}{2}\left(\frac{z}{z-e^{i\omega}} + \frac{z}{z-e^{-i\omega}}\right)$$

を計算すれば, 式 (6.44) が成立することがわかる.

上の例の α や ω は, n に対する減衰率や角周波数であり, 標本化前の時間に対するものではない. その時間に対する減衰率や周波数は, α/T, ω/T となる. 逆に言えば, $x_T(n)$ が, 連続時間関数 $e^{\beta t}$, $\sin \gamma t$, $\cos \gamma t$ から標本時間間隔 T で標本化したものである場合, その z 変換は, $\alpha = \beta T$, $\omega = \gamma T$ を, 式 (6.41), (6.43), (6.44) に代入したものになる.

b. ラプラス変換した関数からの計算

ラプラス変換関数との関係式 (6.35) を使う

● 連続時間の関数 $x(t)$ で, $x(Tn) = x_T(n)$ $(n = 0, 1, 2, \ldots)$ となるものがあるとする.
● $x(t)$ のラプラス変換を $X(s)$ として, 式 (6.35) を留数定理などを使って計算する.

$x_T(n) = \sin \omega n$ とすれば,$x(t) = \sin \omega t/T$ とおくことができる.$x(t)$ のラプラス変換は,

$$X(s) = \frac{\omega/T}{s^2 + (\omega/T)^2} \tag{6.45}$$

となり,z 変換は,

$$X(z) = \frac{1}{2\pi i} \int_{\sigma_0 - i\infty}^{\sigma_0 + i\infty} \frac{\omega/T}{p^2 + (\omega/T)^2} \frac{1}{1 - z^{-1} e^{Tp}} dp \tag{6.46}$$

となる.z と σ_0 を選べば,$1 - z^{-1} e^{Tp}$ の極が $Re(p) \leq \sigma_0$ の半平面に入らないようにすることができる.したがって,被積分関数は $p = \pm i\omega/T$ で 1 位の極を持つ.留数定理を使えば,

$$\begin{aligned}
X(z) &= \lim_{p \to -i\omega/T} (p + i\omega/T) \frac{\omega/T}{(p + i\omega/T)(p - i\omega/T)(1 - z^{-1} e^{Tp})} \\
&\quad + \lim_{p \to +i\omega/T} (p - i\omega/T) \frac{\omega/T}{(p + i\omega/T)(p - i\omega/T)(1 - z^{-1} e^{Tp})} \\
&= \frac{z\omega/T}{(-2i\omega/T)(z - e^{-i\omega})} + \frac{z\omega/T}{(2i\omega/T)(z - e^{i\omega})} = \frac{z \sin \omega}{z^2 - 2z \cos \omega + 1}
\end{aligned}$$

となり,$\sin \omega n$ の z 変換が計算できる.ここでは,T を残したまま計算したが,離散化した後どうしの変換であるので,$T = 1$ と計算してもよい.実際,結果に変数 T は現れていない.

6.5 逆 z 変 換

逆 z 変換の概要

- 部分分数に展開し,変換と逆変換がわかっている関数を適用する.
- z^{-n} の係数を留数定理を使って計算する.

6.5.1 部分分数展開による方法

部分分数展開による逆 z 変換

- 逆 z 変換したい関数を部分分数に分ける.
- 各項が,次のようなステップ関数や指数関数の z 変換の場合,

$$\mathcal{Z}^{-1}\left[\frac{1}{1 - z^{-1}}\right] = u_T(n)(= 1)$$

$$\mathcal{Z}^{-1}\left[\frac{1}{1 - az^{-1}}\right] = a^n$$

それぞれを逆 z 変換して加算し,もとの関数の逆 z 変換とする.

例

次の関数の逆 z 変換を行う．

$$X(z) = \frac{z(2z^2 - 10z + 10)}{(z-1)(z-2)(z-3)} \tag{6.47}$$

このとき，

$$X(z) = \frac{z}{z-1} + \frac{2z}{z-2} - \frac{z}{z-3} = \frac{1}{1-z^{-1}} + \frac{2}{1-2z^{-1}} - \frac{1}{1-3z^{-1}}$$

となるので，この逆 z 変換は次式となる．

$$\mathcal{Z}^{-1}[X(z)] = 1 + 2^{n+1} - 3^n \tag{6.48}$$

6.5.2 留数計算による方法

留数計算による逆 z 変換

- 逆 z 変換する関数 $X(z)$ を，z のべき乗でローラン展開する．

$$X(z) = \sum_{n=0}^{\infty} x_T(k) z^{-k} \tag{6.49}$$

- z 変換の定義から，z^{-k} の係数は $x_T(k)$ になっている．
- $x_T(n)$ は，$X(z)z^{n-1}$ の z^{-1} の係数となるので，$x_T(n)$ は $X(z)z^{n-1}$ のすべての極の留数の和になる．

留数で求まることと同値であるが，C を $X(z)$ の極をすべて内部に含む経路とすれば，

$$x_T(n) = \frac{1}{2\pi i} \int_C X(z) z^{n-1} dz \tag{6.50}$$

が成立する．

無限和の極に関する注意

- $X(z)$ を z のべきで展開した式 (6.49) を見ると，$X(z)$ には $z=0$ にしか極がないように見えるが，無限和であるためそうとは限らない．
- たとえば下式は $z=1$ に極を持つ．

$$\frac{z}{z-1} = \frac{1}{1-z^{-1}} = 1 + z^{-1} + z^{-2} + \cdots \tag{6.51}$$

- 逆に，式 (6.51) の $z=0$ は極ではない．
- 式 (6.51) の右辺の和が有限項までの和ならば，極は $z=0$ だけになる．

式 (6.47) の逆 z 変換を留数定理を使って行う．

$$X(z)z^{n-1} = \frac{z^n(2z^2 - 10z + 10)}{(z-1)(z-2)(z-3)}$$

となり，極は，$z = 1, 2, 3$ の 3 つである．したがって，留数定理により

$$x_T(n) = \lim_{z \to 1}(z-1)X(z)z^{n-1} + \lim_{z \to 2}(z-2)X(z)z^{n-1} + \lim_{z \to 3}(z-3)X(z)z^{n-1}$$
$$= \frac{(2-10+10)1^n}{(1-2)(1-3)} + \frac{(2(2)^2 - 10(2) + 10)2^n}{(2-1)(2-3)} + \frac{(2(3)^2 - 10(3) + 10)3^n}{(3-1)(3-2)}$$
$$= 1 + 2^{n+1} - 3^n$$

となり，部分分数の結果 (6.48) と一致する．

注意が必要なことは，n によって，$X(z)z^{n-1}$ の $z = 0$ の極の位数が異なってくることである．たとえば，$X(z) = 1/(z-1)$ とすれば，$n \geq 1$ のとき $z = 0$ は $X(z)z^{n-1}$ の極ではないが，$n = 0$ のときは位数 1 の極になる．したがって，これを逆 z 変換すれば，$n \geq 1$ で，

$$x_T(n) = \lim_{z \to 1}(z-1)\frac{z^{n-1}}{z-1} = 1$$

であり，$n = 0$ では，

$$x_T(n) = \lim_{z \to 0} z \frac{1}{z(z-1)} + \lim_{z \to 1}(z-1)\frac{1}{z(z-1)} = -1 + 1 = 0$$

となる．これは，$1/(z-1)$ が，単位ステップ関数の z 変換 $z/(z-1)$ に対して，時間を 1 標本だけ遅らせる演算子 z^{-1} をかけた形になっていることからもわかる．

6.5.3 式 (6.32) の証明

式 (6.31) に対する式 (6.32) の証明を与える．$q = z/p$ とおけば，$dz = pdq$ となる．z の経路 C_1 を $(H(z) * X(z))z^{k-1}$ の極を含み，かつ任意の $p \in C$ に対して経路 $C_2 = C_1/p = \{z/p \mid z \in C_1\}$ が $X(z)z^{k-1}$ の極を含むようにとる．このとき，留数による逆 z 変換の式により，次式が成立する．

$$\begin{aligned}
\mathcal{Z}^{-1}[H(z) * X(z)] &= \frac{1}{2\pi i}\int_{C_1}(H(z) * X(z))z^{n-1}dz \\
&= \frac{1}{2\pi i}\int_{C_1}\frac{1}{2\pi i}\int_C H(p)X\left(\frac{z}{p}\right)\frac{1}{p}dp z^{n-1}dz \\
&= \frac{1}{2\pi i}\int_C \frac{1}{2\pi i}\int_{C_1} H(p)X\left(\frac{z}{p}\right)\frac{1}{p}z^{n-1}dzdp \\
&= \frac{1}{2\pi i}\int_C \frac{1}{2\pi i}\int_{C_2} H(p)X(q)\frac{1}{p}(pq)^{n-1}pdqdp \\
&= \left(\frac{1}{2\pi i}\int_C H(p)p^{n-1}dp\right)\left(\frac{1}{2\pi i}\int_{C_2} X(q)q^{n-1}dq\right) \\
&= h_T(n)x_T(n)
\end{aligned}$$

問題

[**6.1**] 次の信号の離散時間フーリエ変換を求め，その振幅 $|X(\omega)|$ を図示せよ．このとき横軸は通常のスケール，縦軸は対数スケールにする (一般に離散時間フーリエ変換関数を図示する場合は，このようにすることが多い).

$$x(m) = \begin{cases} 2 & (n=0) \\ -1 & (n = \pm 1) \\ 0 & (n = \text{else}) \end{cases} \quad (6.52)$$

[**6.2**] 長さ N の離散時間信号 $x_T(n)$ $(n = 0, 1, \ldots N-1)$ に対して，長さ $2N$ の信号 $y_T(n)$ $(n = 0, 1, \ldots 2N-1)$ を次のように定義する．

$$y_T(n) = \begin{cases} x_T(n) & (0 \le n \le N-1) \\ x_T(2N-1-n) & (N \le n \le 2N-1) \end{cases} \quad (6.53)$$

$y_T(n)$ を長さ $2N$ の離散フーリエ変換した結果を $Y(m)$ $(m = 0, 1, \ldots, N-1)$ とおき，少し変形した $Y'(m) = Y(m)\frac{1}{2}e^{-\frac{2\pi i}{2N}m\frac{1}{2}}$ を定義する．このとき，次式が成立することを示せ．

$$Y'(m) = \sum_{n=0}^{N-1} x_T(n) \cos \frac{\pi}{N} m \left(n + \frac{1}{2} \right) \quad (6.54)$$

$$x_T(n) = \frac{1}{N} Y'(0) + \frac{2}{N} \sum_{m=1}^{N-1} Y'(m) \cos \frac{\pi}{N} m \left(n + \frac{1}{2} \right) \quad (6.55)$$

この変換を離散コサイン変換と呼び，画像符号化などの変換で利用されている．

[**6.3**] 次の関数を z 変換せよ．

(a) e^n (b) $\sin 2n$ (c) $\cos 3n$ (d) $4n$ (e) ne^{2n}

(f) $n^2 e^{3n}$ (g) $n \cos 3t$ (h) $e^{-3n} \sin 2n$

[**6.4**] 次の関数を逆 z 変換せよ．

$$X(z) = \frac{-z-1}{\left(z - \frac{1}{4}\right)\left(z - \frac{1}{2}\right)} \quad (6.56)$$

7 離散時間線形システム

本章では,離散時間線形システムについて,その基本,応用例,解の求め方,可制御性・可観測性,安定性に関して解説する.連続時間線形システムの内容と重複するところも多いため,コンパクトにまとめた.

7.1 離散線形システムの基本

線形システムの状態差分方程式・出力方程式

- $\boldsymbol{u}(n)$: 入力 (M 次元ベクトルの離散時間関数)
- $\boldsymbol{x}(n)$: 状態変数 (N 次元ベクトルの離散時間関数)
- $\boldsymbol{y}(n)$: 出力 (K 次元ベクトルの離散時間関数)
- 状態差分方程式:
$$\boldsymbol{x}(n+1) = \boldsymbol{A}\boldsymbol{x}(n) + \boldsymbol{B}\boldsymbol{u}(n) \tag{7.1}$$
- 出力方程式:
$$\boldsymbol{y}(n) = \boldsymbol{C}\boldsymbol{x}(n) + \boldsymbol{D}\boldsymbol{u}(n) \tag{7.2}$$
- $\boldsymbol{x}(n)$ の初期値 $\boldsymbol{x}(0)$ は与えられているものとする.

行列の大きさは連続時間線形システムの 5.1 節と同じである.連続時間からの標本化時間間隔の添字 T は省略したが,連続時間との対応付けが必要な場合は標本化間隔は T であるものとする.

ゼロ入力応答,ゼロ状態応答

- ゼロ入力応答: 入力が常にゼロである ($\boldsymbol{u}(n) = \boldsymbol{0}$) 場合の出力
- ゼロ状態応答: 初期値がゼロである ($\boldsymbol{x}(0) = \boldsymbol{0}$) 場合の出力

この定義は連続時間線形システムと同じである.

7.2 離散時間線形システムの例

7.2.1 連続時間線形システムの近似

連続時間線形システムの近似

● 次の連続時間線形システム (変数などにダッシュをつけて表す) を近似する.

$$\frac{d}{dt}\boldsymbol{x}'(t) = \boldsymbol{A}'\boldsymbol{x}'(t) + \boldsymbol{B}'\boldsymbol{u}'(t) \tag{7.3}$$

$$\boldsymbol{y}'(t) = \boldsymbol{C}'\boldsymbol{x}'(t) + \boldsymbol{D}'\boldsymbol{u}'(t) \tag{7.4}$$

● 離散時間システムの入力 $\boldsymbol{u}(n)$ を階段関数 $\boldsymbol{u}'(t)$ にして, 連続時間システムに与える.

$$\boldsymbol{u}'(t) = \boldsymbol{u}(n) \quad (nT \leq t < (n+1)T, \ n=0,1,2,\ldots) \tag{7.5}$$

● 出力 $\boldsymbol{y}(n)$ は連続時間システムの $t = nT$ における出力とする.

$$\boldsymbol{y}(n) = \boldsymbol{y}'(nT) \tag{7.6}$$

● 次の離散時間システムから, 式 (7.6) の $\boldsymbol{y}(n)$ が得られる.

$$\boldsymbol{A} = e^{\boldsymbol{A}'T} \tag{7.7}$$

$$\boldsymbol{B} = \int_0^T e^{\boldsymbol{A}'\tau} d\tau \boldsymbol{B}' \tag{7.8}$$

$$\boldsymbol{C} = \boldsymbol{C}' \tag{7.9}$$

$$\boldsymbol{D} = \boldsymbol{D}' \tag{7.10}$$

状態変数の初期値は同じものとする: $\boldsymbol{x}'(0) = \boldsymbol{x}(0)$

連続時間システムに階段関数で入力を与えたときの出力の標本値は離散時間システムで与えられる. したがって, T を十分小さくすることによって, 連続時間システムを近似することができる.

上の関係を示す. 連続時間システムの $\boldsymbol{x}'(nT)$ をもとにした $\boldsymbol{x}'((n+1)T)$ は, 式 (5.17) の初期値を 0 から nT に変えることにより,

$$\begin{aligned}
\boldsymbol{x}'((n+1)T) &= e^{\boldsymbol{A}'T}\boldsymbol{x}'(nT) + \int_{nT}^{(n+1)T} e^{\boldsymbol{A}'((n+1)T-\tau)}\boldsymbol{B}'\boldsymbol{u}'(\tau)d\tau \\
&= e^{\boldsymbol{A}'T}\boldsymbol{x}'(nT) + \int_{nT}^{(n+1)T} e^{\boldsymbol{A}'((n+1)T-\tau)}\boldsymbol{B}'d\tau\boldsymbol{u}(n) \\
&= e^{\boldsymbol{A}'T}\boldsymbol{x}'(nT) + \int_0^T e^{\boldsymbol{A}'\tau}d\tau\boldsymbol{B}'\boldsymbol{u}(n)
\end{aligned}$$

となる. したがって, 式 (7.7), (7.8) として状態差分方程式を構成すれば, 任意の n に対して $\boldsymbol{x}'(nT) = \boldsymbol{x}(n)$ が成立する. また,

$$\boldsymbol{y}(n) = \boldsymbol{y}'(nT) = \boldsymbol{C}'\boldsymbol{x}'(nT) + \boldsymbol{D}'\boldsymbol{u}'(nT) = \boldsymbol{C}'\boldsymbol{x}(n) + \boldsymbol{D}'\boldsymbol{u}(n) \tag{7.11}$$

となるので，式 (7.9)，(7.10) で出力方程式を構成すれば，式 (7.6) が成立する．

7.2.2 ディジタル制御

ディジタル制御

- ラプラス変換を z 変換で近似する．
- はじめから離散時間線形システムとして扱う．

計算機を使って制御を行う場合，離散時間上で扱う必要があるが，すべて連続時間上で求めておき，求まったラプラス変換関数を z 変換で近似する方法がある．離散時間の信号を，6.2.1 項で説明した連続時間上のデルタ関数列表現により近似することを考える．6.4.1 項で示したように，その近似した信号のラプラス変換と離散時間信号の z 変換は，$z = e^{Ts}$ の変換によって対応する．いま，

$$s = \frac{1}{T}\log z = \frac{2}{T}\left[\frac{z-1}{z+1} + \frac{1}{3}\left(\frac{z-1}{z+1}\right)^3 + \frac{1}{5}\left(\frac{z-1}{z+1}\right)^5 + \cdots\right] \tag{7.12}$$

が成立する．この関係を使えば，連続時間の知見を使ってディジタル制御回路を設計することができる．そのためにはまず，たとえば PID 制御などによりラプラス変換関数 $F(s)$ を求める．そして，式 (7.12) の級数の第 1 項だけで近似した式を使って，ラプラス変換関数 $F(s)$ から z 変換関数

$$F\left(\frac{2}{T}\left(\frac{z-1}{z+1}\right)\right) \tag{7.13}$$

を求める．この z 変換関数を実現するディジタル制御回路によって，ラプラス変換で表した $F(s)$ を近似した制御が実現できる．さらに精度を向上するためには，制御対象が連続時間線形システムの場合は 7.2.1 項の方法によって離散時間システムで近似し，制御回路をはじめから離散時間システムとして扱うことにより，より高い性能の制御回路を得ることができる．

7.2.3 ディジタルフィルタ

ディジタルフィルタ

- 低域通過型フィルタ (アナログフィルタでは高性能なフィルタを作ることが困難)
- カルマンフィルタ

ディジタルフィルタは，決められた周波数領域にその周波数が入っている正弦波だけを通し，それ以外の正弦波を通さないために，あるいは，信号から雑音を除去するためなどに使われている．

たとえばCD(コンパクトディスク)では，折り返し歪みを発生させないため，22.05 kHz以下の周波数の正弦波だけを通すフィルタが必要である．このとき，人は19 kHz程度の周波数の音までは聞くことができるので，20 kHz程度の周波数までは正弦波を通してほしい．したがって，20 kHzを越えると急に正弦波を通さなくなるフィルタが必要である．このような高性能のフィルタを抵抗・コイル・コンデンサなどを使って構成すると，性能が安定しなかったり，装置の体積が大きくなるなどの問題がある．この問題は計算機によるディジタルフィルタを使えば解決できる．信号を22.05 kHzの2倍(ナイキスト周波数)よりかなり高い周波数で標本化し，高性能なディジタルフィルタで高周波成分を通さないようにすれば良い．この標本化によって折り返し歪みを生じさせないためには，標本化周波数の半分の周波数以上の成分を通さなくする連続時間のフィルタが必要である．ただそのフィルタは，標本化周波数を高くしているため，その半分の周波数と20 kHzまでの差が大きく，フィルタの実現が容易である．したがって，急に通さなくする連続時間のフィルタを構成するよりもディジタルフィルタを使った方が低コストで高性能なものが実現できる．

カルマンフィルタは，信号の確率的構造を使って，ボケなどの劣化をうけ，雑音が加算された信号からできるだけ高精度に元の信号を取り出すためのフィルタである．このフィルタは，連続時間の最適制御で述べたような，最適化条件を離散時間線形システムに課すことによって得ることができる．

7.3 離散時間線形システムの解法

離散時間線形システムの解法の概要
- 固有ベクトルによる対角化を使う方法
- z変換を使う方法

ここでは，連続時間線形システムと同様に，対角化により求める方法と，z変換を使う方法を示す．

7.3.1 固有ベクトルによる対角化を使う方法

行列のべき乗を使う離散時間線形システムの解法
- 状態差分方定式の解は次式となる．

$$\bm{x}(n) = \bm{A}^n \bm{x}(n) + \sum_{k=0}^{n-1} \bm{A}^{n-1-k} \bm{B}\bm{u}(u) \tag{7.14}$$

- 出力は次式となる.

$$y(n) = CA^n x(0) + \sum_{k=0}^{n-1} CA^{n-1-k} Bu(k) + Du(n) \tag{7.15}$$

- A^n は状態の推移を決める行列で,状態遷移行列と呼ばれる.

状態差分方程式を使って,$x(1)$, $x(2)$, $x(3)$ を計算すると以下のようになる.

$$x(1) = Ax(0) + Bu(0)$$
$$x(2) = Ax(1) + Bu(1) = A^2 x(0) + ABu(0) + Bu(1)$$
$$x(3) = Ax(2) + Bu(2) = A^3 x(0) + A^2 Bu(0) + ABu(1) + Bu(2)$$

この関係から式 (7.14) が成立することがわかると思う.厳密に証明するためには数学的帰納法を使う.そして,式 (7.15) は,求めた状態変数を式 (7.2) に代入すれば求まる.

式 (7.14) の第 2 項は,A^n と $Bu(n)$ の,0 から $n-1$ までの畳み込みになっている.その和が n ではなく $n-1$ までである理由は,$x(n)$ は,$u(0), u(2), \ldots, u(n-1)$ に依存するが,$u(n)$ には依存しないためである.

固有値を使った状態遷移行列の計算法

- A の固有値 λ_i と対応する固有ベクトル (列ベクトルで表す) を p_i とし ($i = 1, 2, \ldots, N$),固有値はすべて異なるとする.
- 行列 P を,p_i を並べた (N, N) 行列とする.

$$P = (p_1 \ p_2 \ \cdots \ p_N) \tag{7.16}$$

- $L(n)$ を,次のような対角行列とする.

$$L(n) = \begin{pmatrix} \lambda_1^n & 0 & \cdots & 0 \\ 0 & \lambda_2^n & \cdots & 0 \\ \vdots & 0 & \ddots & 0 \\ 0 & 0 & \cdots & \lambda_N^N \end{pmatrix} \tag{7.17}$$

- 状態遷移行列 A^n は次式で与えられる.

$$A^n = PL(n)P^{-1} \tag{7.18}$$

式 (7.18) は,e^{At} の計算と同様に,

$$A^n = P(P^{-1}AP)^n P^{-1}$$

より成立する.この状態遷移行列と入力の $n-1$ までの畳み込み和が計算できれば,式 (7.14) の第 2 項が計算でき,任意の n における状態変数値が求まる.

7.3.2 z変換を使う方法

---

z変換を使う離散時間線形システムの解法

- $U(z)$: 入力 $x(n)$ の z 変換
- $X(z)$: 状態変数 $x(n)$ の z 変換
- $Y(z)$: 出力 $y(n)$ の z 変換
- 離散時間線形システムの状態差分方程式 (7.1) と出力方程式 (7.2) を z 変換すると，次のように書くことができる．

$$z\boldsymbol{X}(z) - z\boldsymbol{x}(0) = \boldsymbol{A}\boldsymbol{X}(z) + \boldsymbol{B}\boldsymbol{U}(z) \tag{7.19}$$

$$\boldsymbol{Y}(z) = \boldsymbol{C}\boldsymbol{X}(z) + \boldsymbol{D}\boldsymbol{U}(z) \tag{7.20}$$

- この解は次のようになる．

$$\boldsymbol{X}(z) = z(z\boldsymbol{I} - \boldsymbol{A})^{-1}\boldsymbol{x}(0) + (z\boldsymbol{I} - \boldsymbol{A})^{-1}\boldsymbol{B}\boldsymbol{U}(z) \tag{7.21}$$

$$\boldsymbol{Y}(z) = \boldsymbol{C}z(z\boldsymbol{I} - \boldsymbol{A})^{-1}\boldsymbol{x}(0) + \boldsymbol{C}(z\boldsymbol{I} - \boldsymbol{A})^{-1}\boldsymbol{B}\boldsymbol{U}(z) + \boldsymbol{D}\boldsymbol{U}(z) \tag{7.22}$$

- $\boldsymbol{A}^n$ の z 変換

$$\mathcal{Z}[\boldsymbol{A}^n] = z(z\boldsymbol{I} - \boldsymbol{A})^{-1} \tag{7.23}$$

式 (7.19) を整理して，

$$(z\boldsymbol{I} - \boldsymbol{A})\boldsymbol{X}(z) = z\boldsymbol{x}(0) + \boldsymbol{B}\boldsymbol{U}(z)$$

を得る．z は $(z\boldsymbol{I} - \boldsymbol{A})$ に逆があるように選べるので，式 (7.21) が成立する．これを，式 (7.2) に代入して，式 (7.22) を得る．この結果 $\boldsymbol{Y}(z)$ を逆 z 変換すれば，離散時間上の出力が求まる．
また，式 (7.14) と比べて，式 (7.23) が成立する．

7.3.3 計 算 例

次の 1 入力 2 出力 2 次の線形システムを考える．

$$\begin{pmatrix} x_1(n+1) \\ x_2(n+1) \end{pmatrix} = \begin{pmatrix} \frac{1}{2} & \frac{1}{4} \\ \frac{1}{4} & \frac{1}{2} \end{pmatrix} \begin{pmatrix} x_1(n) \\ x_2(n) \end{pmatrix} + \begin{pmatrix} 1 \\ 0 \end{pmatrix} u(n)$$

$$\begin{pmatrix} y_1(n) \\ y_2(n) \end{pmatrix} = \begin{pmatrix} 1 & 1 \\ 1 & -1 \end{pmatrix} \begin{pmatrix} x_1(n) \\ x_2(n) \end{pmatrix} + \begin{pmatrix} 1 \\ -1 \end{pmatrix} u(n)$$

に対して，初期値と入力を，

$$\begin{pmatrix} x_1(0) \\ x_2(0) \end{pmatrix} = \begin{pmatrix} 0 \\ 1 \end{pmatrix}, \qquad u(n) = \begin{cases} 1 & (n=1) \\ 0 & (\text{else}) \end{cases}$$

とするとき，状態変数と出力の値 $x_1(n)$，$x_2(n)$，$y(n)$ を求める．

まず，固有ベクトルを使って状態遷移行列を求める．固有方程式は，

$$\begin{vmatrix} \lambda - \frac{1}{2} & -\frac{1}{4} \\ -\frac{1}{4} & \lambda - \frac{1}{2} \end{vmatrix} = 0$$

より，$\lambda = 3/4$, $\lambda = 1/4$ となる．それぞれの固有ベクトルを，$(1\ 1)^T$, $(1\ -1)^T$ とすることができる．したがって，

$$\boldsymbol{P} = \begin{pmatrix} 1 & 1 \\ 1 & -1 \end{pmatrix}$$

とおけば，次式のように状態遷移行列 $\boldsymbol{A}^n$ が求まる．

$$\boldsymbol{A}^n = \boldsymbol{P}(\boldsymbol{P}^{-1}\boldsymbol{A}\boldsymbol{P})^n \boldsymbol{P}^{-1} = \frac{1}{2}\begin{pmatrix} \left(\frac{3}{4}\right)^n + \left(\frac{1}{4}\right)^n & \left(\frac{3}{4}\right)^n - \left(\frac{1}{4}\right)^n \\ \left(\frac{3}{4}\right)^n - \left(\frac{1}{4}\right)^n & \left(\frac{3}{4}\right)^n + \left(\frac{1}{4}\right)^n \end{pmatrix}$$

式 (7.14) の第 2 項は，

$$\sum_{k=0}^{n-1} \boldsymbol{A}^{n-1-k}\boldsymbol{B}u(k) = \sum_{k=0}^{n-1} \boldsymbol{A}^{n-1-k}\boldsymbol{B}\delta(k-1) = \begin{cases} \boldsymbol{O} & (n \leq 1) \\ \boldsymbol{A}^{n-2}\boldsymbol{B} & (n \geq 2) \end{cases}$$

となる．したがって，状態は $n \leq 1$ では，

$$\begin{pmatrix} x_1(n) \\ x_2(n) \end{pmatrix} = \boldsymbol{A}^n \begin{pmatrix} 0 \\ 1 \end{pmatrix}$$

となり，$n \geq 2$ では，

$$\begin{pmatrix} x_1(n) \\ x_2(n) \end{pmatrix} = \boldsymbol{A}^n \begin{pmatrix} 0 \\ 1 \end{pmatrix} + \boldsymbol{A}^{n-2} \begin{pmatrix} 1 \\ 0 \end{pmatrix}$$

となる．これをまとめ次式を得る．

$$\boldsymbol{x}(n) = \begin{cases} \begin{pmatrix} \frac{1}{2}\left(\frac{3}{4}\right)^n - \frac{1}{2}\left(\frac{1}{4}\right)^n \\ \frac{1}{2}\left(\frac{3}{4}\right)^n + \frac{1}{2}\left(\frac{1}{4}\right)^n \end{pmatrix} & (n \leq 1) \\ \begin{pmatrix} \frac{25}{18}\left(\frac{3}{4}\right)^n + \frac{15}{2}\left(\frac{1}{4}\right)^n \\ \frac{25}{18}\left(\frac{3}{4}\right)^n - \frac{15}{2}\left(\frac{1}{4}\right)^n \end{pmatrix} & (n \geq 2) \end{cases} \tag{7.24}$$

出力は求めた状態から計算できるが，入力は $n=1$ のときだけ 0 でないため，$n=0$, $n=1$, $n \geq 2$ で場合分けする必要がある．その結果は以下のようになる．

$$\begin{pmatrix} y_1(n) \\ y_2(n) \end{pmatrix} = \begin{cases} \begin{pmatrix} 0 \\ 1 \end{pmatrix} & (n=0) \\ \begin{pmatrix} \frac{7}{4} \\ -\frac{5}{4} \end{pmatrix} & (n=1) \\ \begin{pmatrix} \frac{25}{9}\left(\frac{3}{4}\right)^n \\ 15\left(\frac{1}{4}\right)^n \end{pmatrix} & (n \geq 2) \end{cases} \tag{7.25}$$

次に z 変換を使って求める．入力を z 変換した $U(z)$ は，次のようになる．

$$U(z) = z^{-1}$$

7.3 離散時間線形システムの解法

状態差分方程式を z 変換したものは次のように与えられる.

$$\begin{pmatrix} X_1(z) \\ X_2(z) \end{pmatrix} = z \begin{pmatrix} z - \frac{1}{2} & -\frac{1}{4} \\ -\frac{1}{4} & z - \frac{1}{2} \end{pmatrix}^{-1} \begin{pmatrix} x_1(0) \\ x_2(0) \end{pmatrix} + \begin{pmatrix} z - \frac{1}{2} & -\frac{1}{4} \\ -\frac{1}{4} & z - \frac{1}{2} \end{pmatrix}^{-1} \begin{pmatrix} 1 \\ 0 \end{pmatrix} z^{-1}$$

$$= \frac{1}{\left(z - \frac{1}{2}\right)\left(z - \frac{1}{2}\right) - \frac{1}{16}} \begin{pmatrix} z - \frac{1}{2} & \frac{1}{4} \\ \frac{1}{4} & z - \frac{1}{2} \end{pmatrix} \begin{pmatrix} z^{-1} \\ z \end{pmatrix}$$

$$= \frac{1}{z\left(z - \frac{3}{4}\right)\left(z - \frac{1}{4}\right)} \begin{pmatrix} z - \frac{1}{2} & \frac{1}{4} \\ \frac{1}{4} & z - \frac{1}{2} \end{pmatrix} \begin{pmatrix} 1 \\ z^2 \end{pmatrix}$$

$$= \frac{1}{z\left(z - \frac{3}{4}\right)\left(z - \frac{1}{4}\right)} \begin{pmatrix} \frac{1}{4} z^2 + z - \frac{1}{2} \\ z^3 - \frac{1}{2} z^2 + \frac{1}{4} \end{pmatrix}$$

この式に z^{n-1} をかけたものの留数を考えれば良い. $n \geq 2$ のときは, $z = 3/4$ と $z = 1/4$ に位数 1 の極を持つ. したがって,

$$\begin{pmatrix} x_1(n) \\ x_2(n) \end{pmatrix} = \begin{pmatrix} \frac{\frac{1}{4}\left(\frac{3}{4}\right)^2 + \frac{3}{4} - \frac{1}{2}}{\frac{3}{4} - \frac{1}{4}} \left(\frac{3}{4}\right)^{n-2} + \frac{\frac{1}{4}\left(\frac{1}{4}\right)^2 + \frac{1}{4} - \frac{1}{2}}{\frac{1}{4} - \frac{3}{4}} \left(\frac{1}{4}\right)^{n-2} \\ \frac{\left(\frac{3}{4}\right)^3 - \frac{1}{2}\left(\frac{3}{4}\right)^2 + \frac{1}{4}}{\frac{3}{4} - \frac{1}{4}} \left(\frac{3}{4}\right)^{n-2} + \frac{\left(\frac{1}{4}\right)^3 - \frac{1}{2}\left(\frac{1}{4}\right)^2 + \frac{1}{4}}{\frac{1}{4} - \frac{3}{4}} \left(\frac{1}{4}\right)^{n-2} \end{pmatrix}$$

$$= \begin{pmatrix} \frac{25}{32}\left(\frac{3}{4}\right)^{n-2} + \frac{15}{32}\left(\frac{1}{4}\right)^{n-2} \\ \frac{25}{32}\left(\frac{3}{4}\right)^{n-2} - \frac{15}{32}\left(\frac{1}{4}\right)^{n-2} \end{pmatrix}$$

$$= \begin{pmatrix} \frac{25}{18}\left(\frac{3}{4}\right)^n + \frac{15}{2}\left(\frac{1}{4}\right)^n \\ \frac{25}{18}\left(\frac{3}{4}\right)^n - \frac{15}{2}\left(\frac{1}{4}\right)^n \end{pmatrix}$$

となる. $n = 0, 1$ の場合は $z = 0$ も極となる. 逆 z 変換を計算してもよいが, 定義式から計算した方が速い. $n = 0$ のときは初期値であり, $n = 1$ は定義式から次のようになる.

$$\begin{pmatrix} x_1(1) \\ x_2(1) \end{pmatrix} = \begin{pmatrix} \frac{1}{2} & \frac{1}{4} \\ \frac{1}{4} & \frac{1}{2} \end{pmatrix} \begin{pmatrix} x_1(0) \\ x_2(0) \end{pmatrix} + \begin{pmatrix} 0 \\ 1 \end{pmatrix} 0 = \begin{pmatrix} \frac{1}{4} \\ \frac{1}{2} \end{pmatrix}$$

まとめれば, 式 (7.24) になる.

出力は求めた状態を代入して計算する方が楽であるが, 出力の z 変換も求めておく.

$$\begin{pmatrix} Y_1(z) \\ Y_2(z) \end{pmatrix} = \begin{pmatrix} 1 & 1 \\ 1 & -1 \end{pmatrix} \frac{1}{z\left(z - \frac{3}{4}\right)\left(z - \frac{1}{4}\right)} \begin{pmatrix} \frac{1}{4} z^2 + z - \frac{1}{2} \\ z^3 - \frac{1}{2} z^2 + \frac{1}{4} \end{pmatrix} + \begin{pmatrix} 1 \\ -1 \end{pmatrix} z^{-1}$$

$$= \frac{1}{z\left(z - \frac{3}{4}\right)\left(z - \frac{1}{4}\right)} \begin{pmatrix} z^3 + \frac{3}{4} z^2 - \frac{1}{16} \\ -z^3 - \frac{1}{4} z^2 + 2z - \frac{15}{16} \end{pmatrix}$$

となる. これを逆 z 変換すれば, 式 (7.25) になる.

7.4 伝達関数

伝達関数

- 伝達関数は，初期状態が $\bm{0}$ のとき ($\bm{x}(0) = \bm{0}$) の，入力と出力 (ゼロ状態応答) の関係を表した式である．
- 一般には z 変換または離散時間フーリエ変換で表し，次式で定義される．

$$(\text{ゼロ状態応答}) = (\text{伝達関数})(\text{入力}) \tag{7.26}$$

- 1入力1出力のシステムの場合は伝達関数は単なるスカラー関数であり，多入力多出力の場合は関数を要素とする行列となる．

本節では，$\bm{x}(0) = \bm{0}$ を仮定して説明する．離散時間線形システムの伝達関数は，z 変換で表せば，

$$\bm{H}(z) = \bm{C}(z\bm{I} - \bm{A})^{-1}\bm{B} + \bm{D} \tag{7.27}$$

となる．すなわち，線形システムの入力と出力の間に

$$\bm{Y}(z) = \bm{H}(z)\bm{U}(z) \tag{7.28}$$

が成立する．$\bm{H}(z)$ を逆 z 変換したものを $\bm{H}(n)$ (単位パルス応答行列) とする．$\bm{H}(n)$ の (i,j)-成分は，離散時間軸上の入力 $\bm{u}(n)$ の第 j 成分を単位パルス関数とし，他を 0 としたときの出力の第 i 成分を示す．一般の入力 $\bm{u}(n)$ に対するシステムの出力は，畳み込み和

$$\bm{y}(n) = \sum_{k=0}^{n} \bm{H}(n-k)\bm{u}(k) \tag{7.29}$$

によって求まる．1入力1出力のときは $\bm{H}(k)$ はスカラー関数であり，6.3.2 項で説明した単位パルス応答である．

7.5 可制御性と可観測性

可制御性と可観測性の定義

- 可制御性： 任意の初期状態 $\bm{x}(0)$ から始まり，時刻 n_f において (n_f は有限)，任意に定める状態 $\bm{x}(n_f)$ に遷移させる入力 $\bm{u}(n)$ が存在する．
- 可観測性： 任意の時刻 0 から時刻 n_f までの出力 $\bm{y}(n)$ を観測すると，$\bm{x}(0)$ が求まる．

7.5 可制御性と可観測性

離散時間システムにおいても，可制御性と可観測性が連続時間システムと同様に定義される．

可制御性・可観測性の判定条件

- 可制御性： 式 (5.54) の P の階数が N であること
- 可観測性： 式 (5.55) の Q の階数が N であること

離散時間システムの判定条件は，連続時間システムと同じである．

グラミアン (離散時間システム)

- 次の可制御性グラミアンが可逆ならば可制御である．

$$G_C = \sum_{n=0}^{n_f-1} A^{n_f-1-n} B \left(A^{n_f-1-n} B\right)^T \tag{7.30}$$

- 次の可観測性グラミアンが可逆ならば可観測である．

$$G_O = \sum_{n=0}^{n_f-1} (CA^n)^T CA^n \tag{7.31}$$

- グラミアンによって，可・不可を決めることができるだけではなく，$x(n_f)$ を設定した値にするための入力，出力から $x(0)$ を推定するための処理を記述することができる．

離散時間システムの場合も，積分が和に変わるだけでグラミアンが連続時間システムと同様に定義できる．

可制御性に関する十分性の証明の概要を示す．ここでは，$n_f \geq N$ を仮定する．まず，5.7.4 項のケーリー–ハミルトンの定理で，

$$f(\lambda) = |\lambda I - A| = \lambda^N + a_{N-1}\lambda^{N-1} + \cdots + a_0 \lambda^0$$

とおけば，$f(A) = O$ が成立するため，

$$A^N = -a_0 I - a_1 A - a_1 A - \cdots - a_{n-1} A^{N-1}$$

となり，A^n ($n \geq N$) は，A の $N-1$ 以下のべきの線形結合で表すことができる．したがって，式 (7.30)，(7.31) の和において A のべき乗に関しては，$N-1$ 次以下だけを考えればよい．

もし，G_C が可逆でないならば，連続時間システムの場合と同様に，$\langle h, G_C h \rangle = 0$ となるベクトル h が存在し，$n = 0, 1, \ldots, N-1$ に対して，

$$h^T A^n B = 0$$

が成立する．これは P のランクが N であるということに反する．したがって，G_C は可逆である．

目標とする状態ベクトルを $\boldsymbol{p}$ とすれば，$n_f = N$ とし，入力を

$$\boldsymbol{u}(n) = \left(\boldsymbol{A}^{n_f-1-n}\boldsymbol{B}\right)^T \boldsymbol{G}_C^{-1}(\boldsymbol{p} - \boldsymbol{A}^{n_f}\boldsymbol{x}(0))$$

とすればよい．このことは，式 (7.14) に代入すれば，

$$\boldsymbol{x}(n_f) = \boldsymbol{A}^{n_f}\boldsymbol{x}(0) + \sum_{n=0}^{n_f-1} \boldsymbol{A}^{n_f-1-n}\boldsymbol{B}\left(\boldsymbol{A}^{n_f-1-n}\boldsymbol{B}\right)^T \boldsymbol{G}_C^{-1}(\boldsymbol{p} - \boldsymbol{A}^{n_f}\boldsymbol{x}(0)) = \boldsymbol{p}$$

となり，$\boldsymbol{x}(n_f)$ を $\boldsymbol{p}$ に設定できることからわかる．

可観測性も，$\boldsymbol{Q}$ が正則ならば式 (7.31) の $\boldsymbol{G}_O$ が正則であることが証明できるので

$$\boldsymbol{G}_O^{-1} \sum_{n=0}^{n_f-1} (\boldsymbol{C}\boldsymbol{A}^n)^T \boldsymbol{y}(n) = \boldsymbol{x}(0)$$

が成立し，出力から $\boldsymbol{x}(0)$ がわかる．可観測性では，連続時間の場合に説明した通り，入力の影響を差し引くことができるので，$\boldsymbol{u}(n) = \boldsymbol{0}$ $(n = 0, 1, \ldots, n_f)$ としている．

7.6 安定性

安定，漸近安定

- システムが安定： 入力が $\boldsymbol{0}$ のとき，状態が初期値によらず発散しない．
- 「システムが安定」を数式で書けば，以下のようになる．
$\boldsymbol{u}(n) = \boldsymbol{0}$ のとき，任意の正数 M_1 に対して，$\|\boldsymbol{x}(0)\| < M_1$ ならば，n と $\boldsymbol{x}(0)$ に依存せず (M_1 には依存してよい) M_2 が存在して，$\|\boldsymbol{x}(n)\| < M_2$ が成立する．
- 不安定： 安定でない．
- システムが漸近安定： 入力が $\boldsymbol{0}$ のときに，状態 (出力) が初期値によらず $\boldsymbol{0}$ に収束する (安定より条件が強い)．
- 漸近安定であるための必要十分条件は，N 次方程式 $|\lambda \boldsymbol{I} - \boldsymbol{A}| = 0$ の解 ($\boldsymbol{A}$ の固有値) の絶対値が 1 より小さいこと．

上の内容は 5.9 節の連続時間システムとほとんど同じであるが，漸近安定のための条件が少し異なるので注意すること (実部が負 vs. 絶対値が 1 未満)．

その条件を証明する．$\boldsymbol{u}(n) = \boldsymbol{0}$ ならば，$\boldsymbol{x}(n) = \boldsymbol{A}^n \boldsymbol{x}(0)$ となる．これが $\boldsymbol{0}$ に収束すれば良い．また，$\mathcal{Z}\{\boldsymbol{A}^n\} = z(z\boldsymbol{I} - \boldsymbol{A})^{-1}$ が成立する．N 次方程式 $|\lambda\boldsymbol{I} - \boldsymbol{A}| = 0$ の相異なる解を $\lambda_1, \lambda_2, \ldots, \lambda_m$ とし，その方程式における λ_i の多重度を n_i とする．今，$z(z\boldsymbol{I} - \boldsymbol{A})^{-1}$ の行列の要素は z の有理式であり，分子の次数は分母より 1 少ないものに z をかけたものである．それを部分分数展開すれば，現れる項は，

$$\frac{z}{z-\lambda_i},\quad \frac{z}{(z-\lambda_i)^2},\quad \cdots,\quad \frac{z}{(z-\lambda_i)^{n_i-1}}$$

$(i=1,2,\ldots,m)$ だけである. いま,

$$\mathcal{Z}^{-1}\left\{\frac{z}{(z-\lambda)^l}\right\} = \lim_{z\to\lambda}\frac{1}{(l-1)!}\frac{d^{l-1}}{dz^{l-1}}(z-\lambda)^l\frac{z\cdot z^{n-1}}{(z-\lambda)^l} = \lim_{z\to\lambda}\frac{1}{(l-1)!}\frac{d^{l-1}z^n}{dz^{l-1}}$$

$$= \frac{n(n-1)\cdots(n-l+2)}{(l-1)!}\lambda^{n-l+1} = {}_nC_{l-1}\lambda^{n-l+1}$$

が成立する. したがって, λ_i の絶対値が 1 未満ならば, $n\to\infty$ ですべての項が 0 に収束するため, $\boldsymbol{A}^n$ が $\boldsymbol{O}$ に収束し, $\boldsymbol{A}^n\boldsymbol{x}(0)$ が $\boldsymbol{0}$ に収束し, 漸近安定となる.

有界入力・有界出力安定性 (b.i.b.o.)

- 有界入力・有界出力安定性: 状態の初期値が 0 のとき, 入力が有界ならば出力も有界
- b.i.b.o.: bounded input bounded output stability
- b.i.b.o. を数式で書けば, 以下のようになる.
  初期値 $\boldsymbol{x}(0)=\boldsymbol{0}$ の場合, 任意の正数 M_1 に対して正数 M_2 が存在して, $\|\boldsymbol{u}(n)\|<M_1$ ならば $\|\boldsymbol{y}(n)\|<M_2$ が成立する.
- 有界入力・有界出力安定であるための必要十分条件は, N 次方程式 $|\lambda\boldsymbol{I}-\boldsymbol{A}|=0$ の解 ($\boldsymbol{A}$ の固有値) の絶対値が 1 より小さいこと.

有界入力・有界出力安定性に関しても, 5.9 節の連続時間の場合と成立条件は異なるが基本的には同様である. この証明に関しては, 単位パルス応答を $h(n)$ とするとき,

$$M_2 = M_1\sum_{n=0}^{\infty}|h(n)| \tag{7.32}$$

とすれば, 漸近安定性の証明より明らかである.

双 1 次変換

- s の左半平面 ($\mathrm{Re}(s)<0$) は, 次の変換で z の単位円の内部 ($|z|<1$) へ写像される.

$$z = \frac{1+s}{1-s} \tag{7.33}$$

- その逆写像が存在する.

$$s = \frac{z-1}{z+1} \tag{7.34}$$

$s=x+iy$ とおけば, 式 (7.33) は,

$$|z|^2 = z\bar{z} = \frac{(1+s)(1+\bar{s})}{(1-s)(1-\bar{s})} = \frac{(1+x)^2+y^2}{(1-x)^2+y^2}$$

となり，$x < 0$ ならば分母の方が大きくなり，$|z| < 1$ となる．

逆に，$z = x + iy$ とおけば，式 (7.34) は，
$$s = \frac{z-1}{z+1} = \frac{(z-1)(\bar{z}+1)}{(z+1)(\bar{z}+1)} = \frac{|z|^2 - 1 + z - \bar{z}}{|z+1|^2} = \frac{|z|^2 - 1 + 2iy}{|z+1|^2}$$
となり，$|z| < 1$ ならば，s の実部が負であることがわかる．

双 1 次変換 (式 (7.33)) によって，多項式の方程式のすべての解の絶対値が 1 未満であるかどうかの判定を，多項式の方程式のすべての解の実部が負であるかどうかの判定に変換することができる．z の多項式

$$g(z) = b_n z^n + b_{n-1} z^{n-1} + \cdots + b_1 z + b_0 \tag{7.35}$$

を，式 (7.33) で変換する．

$$b_n \left(\frac{1+s}{1-s}\right)^n + b_{n-1} \left(\frac{1+s}{1-s}\right)^{n-1} + \cdots + b_1 \left(\frac{1+s}{1-s}\right) + b_0 = 0 \tag{7.36}$$

これは有理多項式になるが，この分子の多項式は，

$$f(s) = b_n(1+s)^n + b_{n-1}(1+s)^{n-1}(1-s) + \cdots b_1(1+s)(1-s)^{n-1} + b_0(1-s)^n \tag{7.37}$$

となる．双 1 次変換の性質より，$g(z) = 0$ のすべての解の絶対値が 1 未満であることと，$f(s) = 0$ のすべての解の実部が負であることが同値となる．したがって，ラウス–フルヴィッツの方法 (5.9.1 項) を使って，後者に関して判定すれば，離散時間線形システムの漸近安定かどうか，b.i.b.o. かどうか調べることができる．

次式の判定例を示す．
$$g(z) = 3z^3 + 2z^2 + 3z + 1$$
双 1 次変換すれば，
$$3\left(\frac{1+s}{1-s}\right)^3 + 2\left(\frac{1+s}{1-s}\right)^2 + 3\left(\frac{1+s}{1-s}\right) + 1$$
となる．分子の多項式は，
$$f(s) = 3(1+s)^3 - 2(1+s)^2(s-1) + 3(s+1)(s-1)^2 - (s-1)^3 = 3s^3 + 7s^2 + 5s + 9$$
となる．$f(s)$ に，フルヴィッツの手法を適用する ($n = 3, a_3 = 3, a_2 = 7, a_1 = 5, a_0 = 9$).

$$H_1 = \begin{vmatrix} 7 \end{vmatrix} = 2 > 0$$

$$H_2 = \begin{vmatrix} 7 & 9 \\ 3 & 5 \end{vmatrix} = 8 > 0$$

$$H_3 = \begin{vmatrix} 7 & 9 & 0 \\ 3 & 5 & 0 \\ 0 & 7 & 9 \end{vmatrix} = 63 > 0$$

となり，多項式の係数，フルヴィッツ行列の主座小行列式がすべて正であるから，$f(s) = 0$ の

すべての解の実部は負である．したがって，$g(z) = 0$ のすべての解の絶対値は 1 より小さい．この例の $g(z)$ が，離散時間線形システムの伝達関数の因子 $z(z\boldsymbol{I} - \boldsymbol{A})^{-1}$ に現れる分母多項式の場合，このシステムは漸近安定かつ b.i.b.o. になる．

問 題

[**7.1**] 次の離散時間線形システムの状態と出力を求めよ．
$$\begin{pmatrix} x_1(n+1) \\ x_2(n+1) \end{pmatrix} = \begin{pmatrix} 1 & -1 \\ 1 & -\frac{3}{2} \end{pmatrix} \begin{pmatrix} x_1(n) \\ x_2(n) \end{pmatrix} + \begin{pmatrix} 1 \\ 0 \end{pmatrix} u(n)$$
$$y(n) = (1,\ 1) \begin{pmatrix} x_1(n) \\ x_2(n) \end{pmatrix} + 2 \cdot u(n)$$

に対して，初期値と入力を，
$$\begin{pmatrix} x_1(0) \\ x_2(0) \end{pmatrix} = \begin{pmatrix} 1 \\ 0 \end{pmatrix}, \qquad u(n) = \begin{cases} 0 & (n \leq 0 \text{ or } n \geq 2) \\ 1 & (n = 1) \end{cases}$$

とするとき，出力 $y(n)$ を求めよ (計算過程も示すこと)．

[**7.2**] 離散時間線形システムのブロック線図は，式 (5.1), (5.2) と式 (7.1), (7.2) を見比べればわかるように連続時間の線形システムと同様に書くことができる．変更点は，積分器 $1/s$ を遅延器 z^{-1} にするところだけである (図の要素としても，$1/s$ を z^{-1} と書き換えるだけ)．すなわち，遅延機の出力が現在の状態 $\boldsymbol{x}(n)$ であり，それと入力を線形変換したもので次の状態 $\boldsymbol{x}(n+1)$ を作成する形になる．1 の線形システムのブロック線図を書け．

[**7.3**] 1 の離散時間線形システムの可制御あるいは可観測であるかどうか，それぞれ調べよ．

[**7.4**] 次の方程式の解の絶対値がすべて 1 未満であるかかどうか，双 1 次変換とフルヴィッツの方法を使って調べよ．
$$g(z) \equiv 4z^3 + 2z - 1 = 0$$

文　　献

1) R. クーラン，D. ヒルベルト (斎藤利弥監訳)，"数理物理学の方法"，全 4 巻，東京図書，1959，1959，1962，1968.
2) 柏原正樹，河合隆裕，木村達雄，"代数解析学の基礎"，紀伊國屋書店，1980.
3) 大下眞二郎，"詳解 LAPLACE 変換演習"，共立出版，1983.
4) 吉川恒夫，井村順一，"現代制御論"，昭晃堂，1994.
5) David G. Luenberger, "Optimization by Vector Space Methods", John Wiley & Sons, 1997.
6) 尾崎義治，"システム工学と線形システム理論"，内田老鶴圃，1998.
7) 山田 功，"工学のための関数解析"，数理工学社，2009.
8) H. Ogawa, "What Can We See behind Sampling Theorems?", IEICE Trans. on Fundamentals of Electronics, Communications and Computer Sciences, vol. E92-A, no. 3, pp.688–695, March, 2009.
9) 小川英光，"工学系の関数解析"，森北出版，2010.
10) 水本哲弥，"フーリエ級数・変換/ラプラス変換"，オーム社，2010.

索 引

欧 文

arg 関数　14
b.i.b.o.　101
CR 直列回路　20
LCR 直列回路　20
LR 直列回路　18
LR 並列回路　21
PID 制御　88
Q 値　26
rad　13
sinc 関数　110
z 変換　117

ア 行

安定　100, 136

位数　54
位相　12
位相図　27
位相余裕　90
1 価関数　58
インダクタンス　17
インパルス応答　40

エリアジング　112

オイラーの公式　10
オブサーバ　104
折り返し歪み　112

カ 行

開ループゲイン　90
開ループ伝達関数　87
可観測性　91, 134
角周波数　12
加算器　75
可制御性　91, 134
加法定理　10

関数
　1 価——　58
　偶——　9
　三角——　9
　指数——　8
　周期——　9
　ステップ——　46
　正弦——　9
　正則——　53, 54
　対数——　14
　単位パルス——　115
　デルタ——　38
　伝達——　82, 134
　複素——　53
　余弦——　9

奇関数　9
基準入力信号　86
基準入力要素　85
キャパシタンス　17
共振回路　26
共振周波数　26
極　54
虚部　14

偶関数　9
グラミアン　92, 135
クロネッカーのデルタ　32

係数器　75
経路　55
ケーリー–ハミルトンの定理　94
減衰係数　73
現代制御理論　104

コイル　17
公式
　オイラーの——　10
　積和——　10
　和積——　11
コーシーの積分定理　55
コーシー–リーマンの関係式　54

孤立特異点　54
コンデンサ　17

サ 行

最終値の定理　50
三角関数　9

指数関数　8
自然対数　8
実部　14
時定数　88
自動制御　85
時不変　70
周期関数　9
周波数　12
出力方程式　69, 126
状態オブサーバ　105
状態差分方程式　126
状態遷移行列　77, 130
状態微分方程式　69
状態フィードバック　106
状態変数　126
初期値の定理　50
除去可能な特異点　54
ショックアブソーバ　73
伸縮　49
真性特異点　55
振幅　12
振幅図　22
振幅余裕　90

ステップ関数　46

制御対象　85
制御動作信号　85
制御要素　85
制御量　85
正弦関数　9
正弦波　12
正則関数　53, 54
積分器　75

索 引

積和公式　10
ゼロ状態応答　70, 126
ゼロ入力応答　70, 126
漸近安定　100, 136
線形　1
線形回路　16
線形常微分方程式　71

双 1 次変換　137
操作量　85

タ　行

帯域制限　110
対数関数　14
畳み込み積分　38, 50
畳み込み和　43, 115
単位パルス応答　115
単位パルス関数　115
ダンパ　73

抵抗　16
ディラックのデルタ関数　39
定理
　加法——　10
　ケーリー–ハミルトンの——　94
　コーシーの積分——　55
　最終値の——　50
　初期値の——　50
　標本化——　111
　留数——　58, 123
テーラー展開　58

デルタ関数　38
デルタ関数列表現　113
伝達関数　82, 134

同値変形　98
特異点　54
　除去可能な——　54

ハ　行

バネ　73
バネ定数　73

標本化定理　111

フィードバックゲイン　88
フィードバック制御　85
フィードバック要素　85
フェーザ表現　15
複素関数　53
複素数　14
複素数表示　31
複素正弦波　15
複素積分　55
部分分数展開　60, 122
フーリエ級数展開　29
フーリエ変換　36
フルヴィッツ行列　102
ブロック線図　75

平行移動　49
閉路　55

ボード線図　22

マ　行

無限回微分可能　54

目標値　85

ヤ　行

有界入力・有界出力安定性　101, 137

余弦関数　9

ラ　行

ラウス–フルヴィッツの方法　102, 138
ラプラス変換　45

離散時間フーリエ変換　114
離散フーリエ変換　116
留数　123
留数定理　58, 123

ローラン展開　58

ワ　行

和積公式　11

著者略歴

山下 幸彦(やました ゆきひこ)

1960年　神奈川県に生まれる
1985年　東京工業大学大学院理工学研究科
　　　　情報工学専攻修士課程修了
現　在　東京工業大学大学院理工学研究科
　　　　国際開発工学専攻・准教授
　　　　博士（工学）

シリーズ〈新しい工学〉5
線形システム論　　　　　　　定価はカバーに表示

2013年9月15日　初版第1刷

著　者　山　下　幸　彦
発行者　朝　倉　邦　造
発行所　株式会社　朝　倉　書　店

東京都新宿区新小川町 6-29
郵便番号　　162-8707
電　話　03(3260)0141
F A X　03(3260)0180
http://www.asakura.co.jp

〈検印省略〉

ⓒ 2013〈無断複写・転載を禁ず〉　　　　中央印刷・渡辺製本

ISBN 978-4-254-20525-1　C 3350　　Printed in Japan

JCOPY　〈(社)出版者著作権管理機構　委託出版物〉

本書の無断複写は著作権法上での例外を除き禁じられています．複写される場合は，そのつど事前に，(社)出版者著作権管理機構（電話 03-3513-6969，FAX 03-3513-6979, e-mail: info@jcopy.or.jp）の許諾を得てください．

東工大 神田 学著
シリーズ〈新しい工学〉1
常微分方程式と物理現象
20521-3 C3350　　　B5判 116頁 本体2300円

工学のあらゆる分野の基礎となる微分方程式の知識を丁寧に解説する。身近な現象の数理モデルからカオス現象までをコンパクトにまとめ、省略されがちな途中式や公式を提示することで、初学者もスムーズに数式が追えるよう配慮した。

東工大 花岡伸也編著
シリーズ〈新しい工学〉2
プロジェクトマネジメント入門
20522-0 C3350　　　B5判 144頁 本体2800円

工学の視点からプロジェクトマネジメントの基礎理論と実践・ケーススタディまでをコンパクトに解説。太陽光発電や国際開発プロジェクトなど多くの事例を収録し、グローバル時代の実務家の基礎教養となるべき知識を提供する。

東工大 大即信明・東工大 日野出洋文・
東工大 サリムクリス著
シリーズ〈新しい工学〉3
材　料　科　学
20523-7 C3350　　　B5判 148頁 本体2800円

機械系、電子系、建設系など多岐にわたる現代の材料工学の共通の基礎を学べる入門書。〔目次〕原子構造と結合／結晶構造／固体の不完全性／拡散／状態図／電気的性質／電気化学的性質／光学的性質および超伝導材料／磁気的性質

東工大 大即信明・東工大 中崎清彦編著
シリーズ〈新しい工学〉4
工　業　材　料
20524-4 C3350　　　B5判 150頁〔近　刊〕

無機・金属材料から、高分子材料・生物材料まで、幅広いトピックをバランス良く記述した教科書。現代的な材料工学の各分野を一望できるよう、基礎から先端までの具体的な例を多数取り上げ、幅広い知識をやさしく解説した。

明大 杉原厚吉著
数理工学ライブラリー1
計　算　幾　何　学
11681-6 C3341　　　A5判 216頁 本体3700円

図形に関する情報の効率的処理のための技術体系である計算幾何学を図も多用して詳述。〔内容〕その考え方／超ロバスト計算原理／交点列挙とアレンジメント／ボロノイ図とドロネー図／メッシュ生成／距離に関する諸問題／図形認識問題

東大 室田一雄・東北大 塩浦昭義著
数理工学ライブラリー2
離散凸解析と最適化アルゴリズム
11682-3 C3341　　　A5判 224頁 本体3700円

解きやすい離散最適化問題に対して統一的な枠組を与える新しい理論体系「離散凸解析」を平易に解説しその全体像を示す。〔内容〕離散最適化問題とアルゴリズム（最小木，最短路など）／離散凸解析の概要／離散凸最適化のアルゴリズム

元阪大 前田 肇著
線　形　シ　ス　テ　ム（普及版）
20150-5 C3050　　　B5判 352頁 本体3900円

線形システム理論の金字塔ともいえる教科書。〔内容〕ダイナミカルシステム／応答／ラプラス変換／可観測性と可到達性／システム構造／実現問題／状態フィードバック／安定性／安定解析／実現問題／行列の分数表現／システム表現／問題解答

阪大 谷野哲三著
シ　ス　テ　ム　線　形　代　数
―工学系への応用―
20153-6 C3050　　　A5判 232頁 本体3800円

線形代数の工学への各種応用を詳細に解説。〔内容〕線形空間／固有値とJordan標準形／線形方程式と線形不等式／最適化への応用／現代制御理論への応用／グラフ・ネットワークへの応用／統計・データ解析への応用／ゲーム理論への応用

前京大 奥村浩士著
電　気　回　路　理　論
22049-0 C3054　　　A5判 288頁 本体4600円

ソフトウェア時代に合った本格的電気回路理論。〔内容〕基本知識／テブナンの定理等／グラフ理論／カットセット解析等／テレゲンの定理等／簡単な線形回路の応答／ラプラス変換／たたみ込み積分等／散乱行列等／状態方程式等／問題解答

九州大 川邊武俊・前防衛大 金井喜美雄著
電気電子工学シリーズ11
制　御　工　学
22906-6 C3354　　　A5判 160頁 本体2600円

制御工学を基礎からていねいに解説した教科書。〔内容〕システムの制御／線形時不変システムと線形常微分方程式，伝達関数／システムの結合とブロック図／線形時不変システムの安定性，周波数応答／フィードバック制御系の設計技術／他

岡山大 則次俊郎・岡山理科大 堂田周治郎・
広島工大 西本 澄著
基　礎　制　御　工　学
23134-2 C3053　　　A5判 192頁 本体2800円

古典制御を中心とした、制御工学の基礎を解説。〔内容〕制御工学とは／伝達関数／制御系の応答特性／制御系の安定性／PID制御／制御系の特性補償／制御理論の応用事例／さらに学ぶために／ラプラス変換の基礎

広島大 佐伯正美著
機械工学基礎課程
制　御　工　学
―古典制御からロバスト制御へ―
23791-7 C3353　　　A5判 208頁 本体3000円

古典制御中心の教科書。ラプラス変換の基礎からロバスト制御まで。〔内容〕古典制御の基礎／フィードバック制御系の基本的性質／伝達関数に基づく制御系設計法／周波数応答の導入／周波数応答による解析法／他

上記価格（税別）は2013年8月現在